Primera Biblioteca Infantil de Aprendizaje

Inventos y Descubrimientos

TIME-LIFE, ALEXANDRIA

Índice

¿Qué es un invento?..4
¿Cómo han cambiado el mundo los inventos?................................6
¿Qué llevó a la invención de la imprenta?.....................................8
¿Quién inventó la bombilla?..10
¿Cómo nos llegó el teléfono?..12
¿Cómo se inventó la radio?...14
¿Quién construyó e hizo volar el primer avión?...........................16
¿Por qué los primeros automóviles tenían una apariencia tan graciosa?...18
¿Cómo funcionaba el primer cohete?...20
¿Cuándo se utilizó el dinero por primera vez?.............................22
¿Cómo eran los primeros relojes?...24
¿Cómo se ha llegado hasta el actual calendario?.........................26
¿Cuándo se empezó a comer con cucharas y tenedores?............28
¿Cómo se llegó a inventar la pasta de dientes o dentífrico?.......30
¿Cuándo se utilizó el jabón por primera vez?..............................32
¿Qué hizo que se inventaran las gafas?..34
¿Quién desarrolló los zapatos de lona?..36
¿Cuándo se empezó a utilizar el paraguas?..................................38
¿Quienes fueron los primeros que se miraron en espejos?.........40
¿Cómo se inventaron los *hula-hoops*, los discos voladores y los yoyós?...42
¿Quién ideó el primer rompecabezas?..44

¿Qué aspecto tenía la primera bicicleta?...46
¿Hace mucho que se conocen los fuegos artificiales?....................48
¿Cómo fueron inventados los lápices?..50
¿Quién construyó los primeros patines?...52
¿Por qué se inventaron las cremalleras?...54
¿Cómo se inventó la cinta con autocierre?.....................................56
¿Cómo se popularizaron los pantalones vaqueros?.......................58
¿Quién inventó el fútbol, el béisbol y el baloncesto?......................60
¿Quién hizo el primer sándwich?...62
¿Quién se comió el primer helado?...64
¿Quién tuvo la idea de congelar los alimentos?..............................66
¿Quién inventó el plástico y sus materiales derivados?..................68
¿Cuándo se inventó la cámara fotográfica?....................................70
¿Cómo empezó la televisión?..72
¿Qué llevó a la invención de la calculadora?..................................74
¿Cuándo se construyó el primer computador?...............................76
¿Cuándo se inventaron los robots?...78
¿Nos han ayudado los inventos en casa?.......................................80

Álbum de crecimiento...81

 ## ¿Qué es un invento?

 Cuando una persona crea algo nuevo y hace que funcione, a eso se le llama un invento. A veces, varias personas trabajan juntas en una idea. En otras ocasiones, es una sola quien empieza el invento y, después, varias personas lo mejoran.

Demanda de inventos

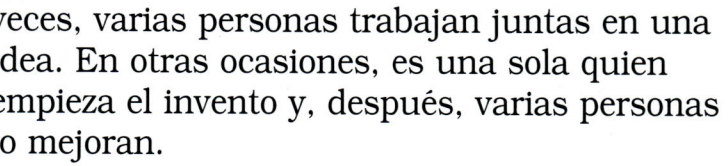

■ **La primera comida en conserva**

En 1795, Napoleón Bonaparte, que estaba al mando del ejército francés, buscó maneras de evitar que la comida se estropease. Sus soldados necesitaban comida que no se echara a perder en las marchas largas. Nicolas-François Appert tuvo una idea. Coció comida en recipientes de vidrio para así matar a los microbios y selló los recipientes con corcho para que no pudieran entrar nuevos microbios.

Inventos por casualidad

■ La invención del fonógrafo

En Estados Unidos, Thomas Edison intentó en varias ocasiones que algunas máquinas tuvieran nuevas funciones. En 1877, cuando probaba el telégrafo, escuchó que la aguja del aparato repetía un mensaje a alta velocidad, produciendo un sonido parecido a música. Edison se dio cuenta de repente de que podía grabar las ondas sonoras, o vibraciones, como impulsos eléctricos y más tarde convertirlos de nuevo en sonidos. Y así es, como se inventó el fonógrafo.

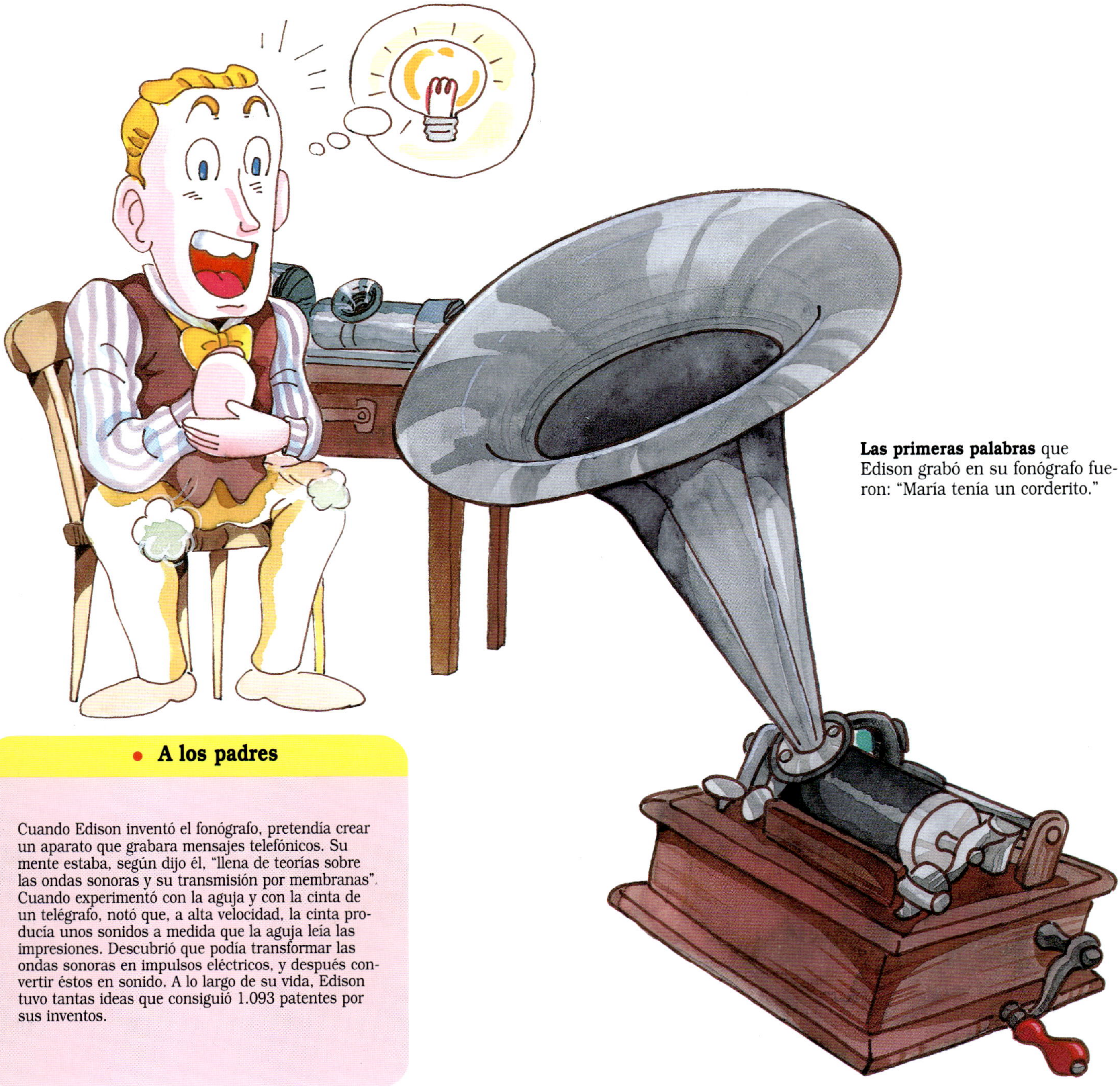

Las primeras palabras que Edison grabó en su fonógrafo fueron: "María tenía un corderito."

• A los padres

Cuando Edison inventó el fonógrafo, pretendía crear un aparato que grabara mensajes telefónicos. Su mente estaba, según dijo él, "llena de teorías sobre las ondas sonoras y su transmisión por membranas". Cuando experimentó con la aguja y con la cinta de un telégrafo, notó que, a alta velocidad, la cinta producía unos sonidos a medida que la aguja leía las impresiones. Descubrió que podía transformar las ondas sonoras en impulsos eléctricos, y después convertir éstos en sonido. A lo largo de su vida, Edison tuvo tantas ideas que consiguió 1.093 patentes por sus inventos.

¿Cuánto han cambiado el mundo los inventos?

RESPUESTA A veces un invento es tan importante que hace que la gente cambie para siempre la manera de hacer su trabajo. El papel y la máquina de vapor son ejemplos de estos inventos. El papel fue inventado hace 2.000 años en China. Hasta entonces, la gente escribía en finas tiras de papiro o grababa mensajes en piedra o madera. Un escocés, James Watt, desarrolló la máquina de vapor en 1765. Ésta podía efectuar en las fábricas el duro trabajo que la gente hacía antes a mano.

▲ En el antiguo Egipto, la gente escribía en tiras finas de papiro, que ponía juntas.

■ **La invención del papel**

El papel se fabricó por primera vez en China en el año 105 d.C. El fabricante de papel primero hervía la fibra de una planta, como el cáñamo o el algodón, hasta que ésta se transformaba en una masa. Extendía la masa sobre una red muy tupida enmarcada y la ponía en remojo. Cuando sacaba el marco del agua, ésta se escurría, quedando una capa fina de masa. Al secarse esta capa, se convertía en una hoja de papel.

La máquina de vapor

En 1765, cuando la mayoría de trabajo se hacía a mano, el ingeniero James Watt perfeccionó un motor de vapor que había inventado Thomas Newcomen. La máquina de Watt podía hacer girar manivelas y rodillos en las fábricas, y hacer el trabajo más rápido que las personas. Las chimeneas de las fábricas humeaban a medida que las máquinas quemaban el carbón que producía el vapor que accionaba la maquinaria. Estas máquinas fabricaban artículos como tejidos y hacían el trabajo pesado en las minas. Las máquinas de vapor también impulsaban barcos y trenes, que podían transportar mercancías y personas más rápido que antes.

▶ **El barco de vapor** *Clermont*

▲ **La locomotora de vapor** *Rocket*

• A los padres

El desarrollo que hizo Watt de la máquina de vapor condujo al desarrollo de las locomotoras y barcos de vapor, que facilitaron el transporte. La máquina de vapor también facilitó la Revolución Industrial, al hacer posible que la industria pasase del trabajo manual al producido por las máquinas. Este gran invento cambió de forma radical el mundo en el que vivimos.

 ## ¿Qué llevó a la invención de la imprenta?

 Después de que se inventase el papel, le gente descubrió diferentes maneras de escribir en él. Algunos escribían con pluma y tinta. Otros grababan el texto en una tabla de madera (xilografía), aplicaban una capa de tinta sobre la madera, y la presionaban sobre el papel. En 1438, al platero alemán Johannes Gutemberg se le ocurrió hacer tipos de letras que pudieran utilizarse varias veces y que pudieran ser ordenados de nuevo para formar cualquier palabra. Gutemberg también construyó una máquina, llamada imprenta, que podía imprimir una página entera de una sola vez.

■ Todo empezó con un error

Un día, Gutemberg estaba grabando un texto. Cuando casi había llegado al final de una línea, cometió un error. En lugar de grabar de nuevo toda la línea, recortó la letra incorrecta y la sustituyó por otra correcta. Se dio cuenta de que no tenía que rehacer todo su trabajo para corregir un error.

▸ Después de que a Gutemberg se le ocurriese usar tipos movibles, inventó una máquina para imprimir (derecha). Hasta entonces se imprimía a mano. Extendían el papel encima de las letras mojadas con tinta y presionaban el papel con una piedra plana y pesada de modo que se imprimiese. Gutemberg tuvo la idea de convertir una máquina que había sido utilizada para prensar uvas, en una máquina que pudiera presionar papel de manera uniforme. A esta máquina la llamó imprenta, y podía imprimir mucho más rápido y más claro que con el método antiguo.

■ Cómo se inventó la impresión

Los chinos, quienes inventaron el papel, también fabricaron las primeras tablas de madera grabadas para hacer impresiones en el papel.

● A los padres

Los tipos de madera habían sido utilizados durante mucho tiempo en China, y la técnica se había extendido por todo el mundo. Pero los tipos se rompían fácilmente y no se podían utilizar para hacer varias copias. En el siglo XV, Johannes Gutemberg logró hacer, a partir de una mezcla de plomo y estaño, tipos movibles de metal que se podían reutilizar varias veces. También transformó una prensa de uvas en una imprenta que podía imprimir grandes cantidades de libros.

 ## ¿Quién inventó la bombilla?

 Muchas personas intentaron inventar una bombilla, pero ninguna pudo llegar a hacer una que estuviese encendida durante más de unos segundos. El filamento interior de la bombilla –la parte que está encendida– se quemaba enseguida. Thomas Edison probó miles de materiales diferentes con los que hacer el filamento. Finalmente, en 1879, descubrió que un filamento de carbón era el que duraba más tiempo. Lo usó en su bombilla, y ésta estuvo encendida durante más de trece horas.

■ **Los primeros experimentos de Edison**

▲ Una de las primeras bombillas eléctricas de Edison estuvo encendida durante sólo unos cuantos minutos. En cambio, con un cable de platino estuvo algo más de una hora.

▲ Edison probó unos 6.000 materiales diferentes para encontrar un filamento que no se consumiera en segundos. Al final descubrió que un filamento de carbón podía estar encendido durante varias horas.

■ **Otra prueba**

Uno de los materiales con los que experimentó Edison fue un filamento hecho del bambú de un abanico japonés. Este ardió durante más tiempo que otras clases de materia vegetal, pero el filamento que tuvo más éxito fue un hilo de carbón.

• **A los padres**

En 1879, cuando Thomas Edison hacía pruebas con filamentos de carbón en un tubo de vacío de cristal, inventó una bombilla eléctrica que funcionaba. Pero, sin embargo, todavía había un problema: necesitaba un sistema con el que pudiese distribuir la energía eléctrica por las casas. Emprendió la enorme tarea de desarrollar una dinamo que pudiera suministrar electricidad a todo un distrito de la ciudad de Nueva York. Además, tuvo que preparar la red de distribución y la instalación eléctrica de las casas. Más adelante, diseñó circuitos, cuadros de distribución, contadores, fusibles y enchufes para lámparas.

 ¿Cómo nos llegó el teléfono?

RESPUESTA El sonido de la voz humana llega a nuestros oídos a causa de las ondas sonoras que se transmiten por el aire. El escocés Alexander Graham Bell intentó transformar las ondas sonoras en impulsos eléctricos, para que así pudieran recorrer largas distancias. Después de varios intentos, Bell consiguió que su experimento funcionara en 1876. En su primera llamada telefónica, Bell dijo a su ayudante, que se encontraba en la habitación contigua: "Ven aquí, Watson. Te necesito."

■ El primer teléfono

■ Cómo logró ganar Bell

Elisha Gray había construido un teléfono parecido al de Bell. Pero Bell presentó su invento dos horas antes que Gray en la oficina de patentes. Hoy día reconocemos únicamente a Alexander Graham Bell como el inventor del teléfono.

■ Las mejoras de Edison

En el teléfono de Bell se utilizaba la misma parte para hablar y para escuchar. Edison mejoró este modelo al hacer un teléfono con un micrófono y un auricular. Además, continuó perfeccionando el teléfono para que el sonido pudiera ser escuchado de forma más clara.

• A los padres

En el teléfono de Bell, las vibraciones de una membrana metálica transmitían el sonido. Un electroimán transformaba las vibraciones en corriente eléctrica. El sonido, ahora en forma de corriente eléctrica, viajaba a lo largo de un cable hasta un receptor, en donde el mismo proceso a la inversa transformaba las señales eléctricas en ondas sonoras. Al presentar su patente dos horas después que Bell, Elisha Gray perdió la oportunidad de obtener prestigio por su invento. Durante más de una década emprendió una inútil batalla legal contra Bell.

 ## ¿Cómo se inventó la radio?

 La radio empezó en 1895 como un sistema telegráfico sin hilos diseñado por el italiano Guglielmo Marconi. Este sistema podía enviar únicamente señales en código morse (puntos y rayas), más bien que sonidos. Otros inventores trabajaron durante once años para desarrollar radios que pudiesen emitir el sonido de la voz humana y música.

■ La primera emisión

La primera emisión por radio del mundo, en diciembre de 1906, fue un programa de Navidad. Reginald Fessenden realizó la transmisión desde la costa de Massachusetts, Estados Unidos. La gente que estaba en barcos o en la orilla, en unos veinte kilómetros a la redonda, pudo escuchar el programa.

■ S.O.S desde el *Titanic*

En 1912, cuando el transatlántico *Titanic* chocó contra un iceberg y empezó a hundirse, el radiotelegrafista envió una llamada de socorro, transmitiendo las letras S.O.S en código morse. La llamada hizo que el barco *Carpathia* acudiera en auxilio y evitara que 700 personas murieran ahogadas.

▲ **Generador eléctrico**

Reginald Fessenden

▲ **Tubo de vacío detector de ondas radioeléctricas**

John Fleming

■ La invención de la emisión por radio

John Ambrose Fleming inventó un tubo de vacío que podía captar ondas de radio electrónicamente. El tubo de vacío regulaba el fluido de corriente eléctrica que producía el generador eléctrico que había desarrollado Reginald Fessenden.

• A los padres

El primer radiotransmisor sin hilos, desarrollado por Guglielmo Marconi, era un aparato telegráfico que transmitía señales en código morse. La invención por parte de John Fleming de un tubo de vacío que pudiera detectar ondas electromagnéticas dentro del campo de frecuencia del radiotransmisor permitió la transmisión de música y habla.

¿Quién construyó e hizo volar el primer avión?

RESPUESTA Los hermanos Orville y Wilbur Wright construyeron el primer avión que podía volar y ser controlado por una persona. Utilizando piezas de su tienda de bicicletas, fabricaron un motor de gasolina que hacía girar dos hélices colocadas en la parte trasera de las alas principales. El piloto tenía que tumbarse boca abajo para pilotar el avión.

■ El avión de los hermanos Wright

En 1903, los hermanos Wright efectuaron el primer vuelo exitoso cerca de Kitty Hawk, en Carolina del Norte. Después de varios intentos y un accidente, el avión, llamado *Flyer*, voló 259 metros y estuvo en el aire durante 59 segundos.

Los primeros aviones

Blériot 11. El francés Louis Blériot construyó este monoplano, llamado *Blériot 11*, con sólo un par de alas, y no con cuatro.

Biplano de Voisin. Construido de una forma parecida a una cometa en forma de caja, el biplano de Gabriel Voisin fue el primer avión capaz de volar en círculo.

La "paloma" de Etrich. Debido a que su avión tenía la forma de un pájaro, el inventor austríaco Igo Etrich lo llamó *Taube*, "paloma" en alemán.

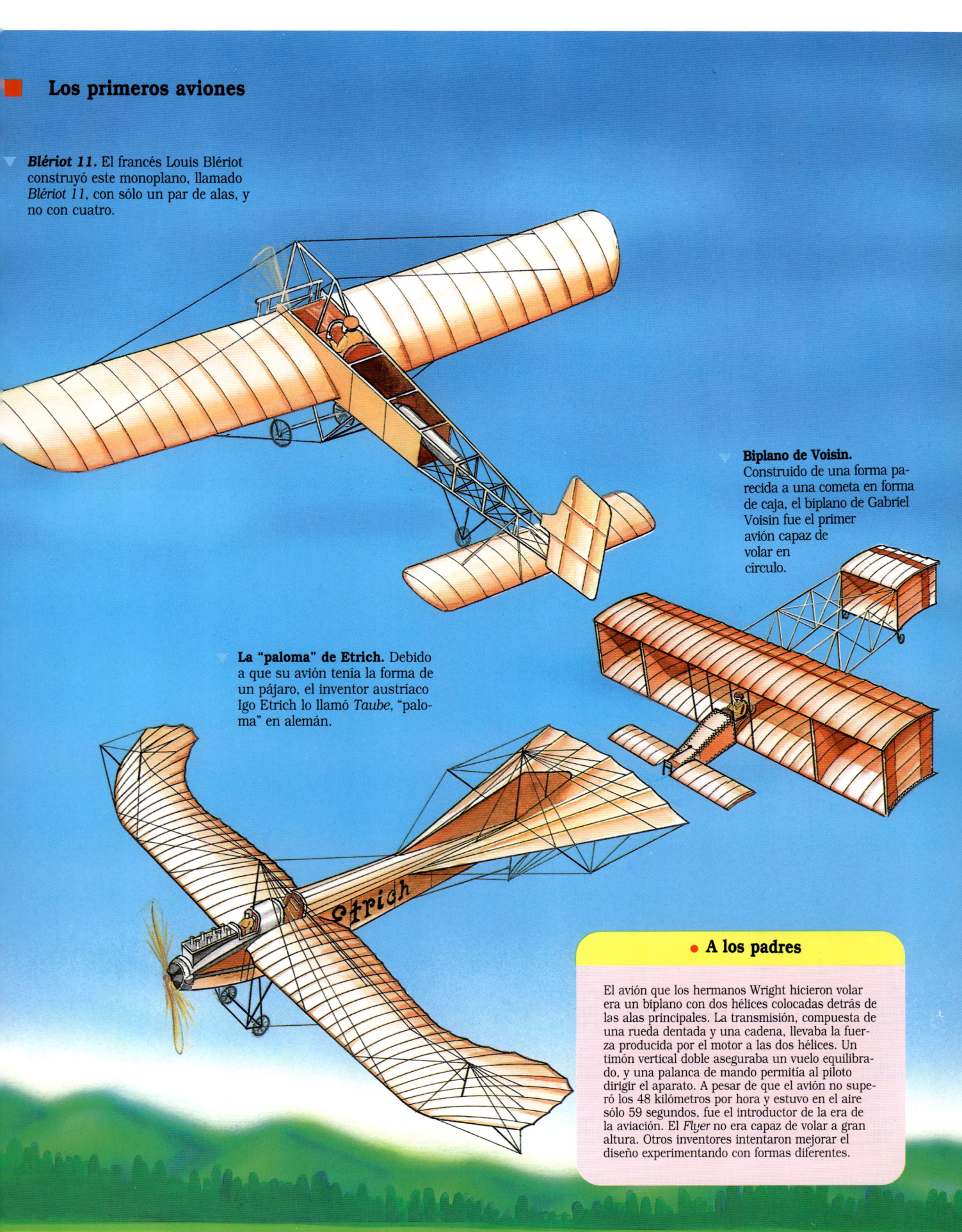

● A los padres

El avión que los hermanos Wright hicieron volar era un biplano con dos hélices colocadas detrás de las alas principales. La transmisión, compuesta de una rueda dentada y una cadena, llevaba la fuerza producida por el motor a las dos hélices. Un timón vertical doble aseguraba un vuelo equilibrado, y una palanca de mando permitía al piloto dirigir el aparato. A pesar de que el avión no superó los 48 kilómetros por hora y estuvo en el aire sólo 59 segundos, fue el introductor de la era de la aviación. El *Flyer* no era capaz de volar a gran altura. Otros inventores intentaron mejorar el diseño experimentando con formas diferentes.

¿Por qué los primeros automóviles tenían una apariencia tan graciosa?

RESPUESTA El primer automóvil que se construyó tenía delante una gran caldera. La caldera contenía agua, que se calentaba hasta que se convertía en vapor. El vapor accionaba el motor del automóvil. Años más tarde, los automóviles fueron impulsados por gasolina, que se guardaba en pequeños depósitos, así que el diseño de los automóviles cambió.

▲ El primer automóvil del mundo, construido en 1769 por el francés Nicolas-Joseph Cugnot, estaba impulsado por vapor, no por gasolina. Este vehículo sólo podía ir a unos tres kilómetros por hora, más lento que una persona andando.

■ La fuerza de la gasolina

Los primeros automóviles que funcionaron con gasolina tenían un gran parecido a los carruajes, por eso se les llamaba carruajes sin caballos. El ingeniero alemán Gottlieb Daimler construyó el automóvil de la derecha, y Carl Benz fabricó el de abajo.

▲ El automóvil de cuatro ruedas de Daimler (1889).

◀ El triciclo de Benz (1886).

El primer automóvil popular

En 1908, en Estados Unidos, Henry Ford fabricó un automóvil impulsado por gasolina –llamado modelo T– que era asequible y fácil de conducir. Muchas personas quisieron tener uno. El modelo T se hizo tan popular que se vendieron más de 15 millones de automóviles por todo el mundo entre 1908 y 1927.

▼ El modelo T de Ford (1908) tuvo gran aceptación popular.

▲ El automóvil de cuatro ruedas de Ford (1896).

• A los padres

El alemán Carl Benz inventó el primer automóvil con un motor impulsado por la combustión interna de gasolina. Henry Ford desarrolló su propio modelo, estandarizó las piezas y simplificó el montaje para así poder vender un automóvil asequible.

¿Cómo funcionaba el primer cohete?

RESPUESTA En 1926, Robert Hutchings Goddard lanzó el primer cohete de combustible líquido en Auburn, Estados Unidos. Impulsado por un combustible que consistía en una mezcla de gasolina y de oxígeno líquido, el cohete subió rápidamente por el aire durante dos segundos y medio. En su vuelo, el cohete llegó a los 12 metros de altura y cayó a 56 metros del lugar de lanzamiento.

En la base del cohete había dos depósitos, uno lleno de oxígeno líquido y el otro de gasolina. Los combustibles se mezclaban y se encendían en una cámara que tenía un inyector en un extremo. Cuando los gases calientes escapaban del inyector, la fuerza de la presión de escape propulsaba al cohete.

■ La pólvora fue inventada en China

En el siglo IX, antes de que a nadie se le ocurriera viajar por el espacio, los chinos inventaron la pólvora. Usaron la pólvora para hacer armas y para lanzar al aire los primeros proyectiles parecidos a cohetes.

 ## ¿Qué impulsa a los cohetes modernos?

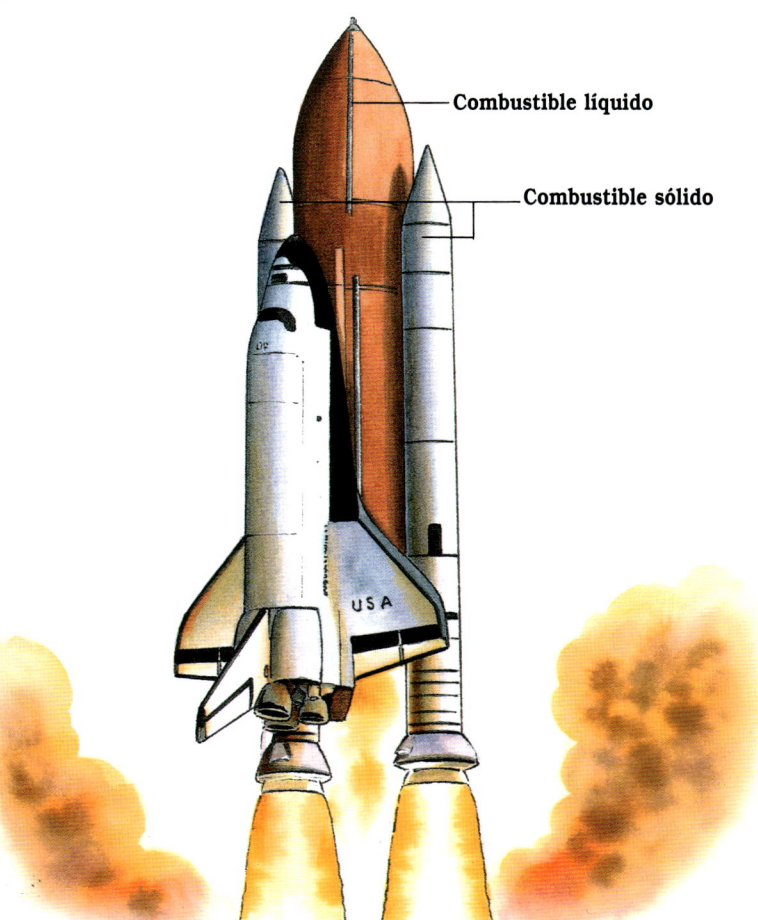

Combustible líquido

Combustible sólido

El transbordador espacial está propulsado por dos cohetes aceleradores con combustible sólido y por tres motores principales. El combustible de los aceleradores consiste en sustancias químicas similares a la pólvora de los antiguos cohetes chinos. Los motores principales encienden una mezcla de combustibles líquidos del tipo que utilizó Goddard.

• A los padres

En 1903, Konstantin Tsiolkovsky, un matemático ruso, propuso varias de las primeras teorías sobre astronáutica. Él imaginó las posibilidades de los satélites artificiales, los propulsores líquidos, las naves espaciales y los paseos espaciales. El estadounidense Robert Goddard experimentó con ideas parecidas y lanzó el primer cohete de combustible líquido en 1926. Al principio de la Segunda Guerra Mundial, unos científicos alemanes desarrollaron el cohete V-2, que fue utilizado como "bomba volante". Más tarde, el mismo cohete fue adaptado en el programa Apolo para enviar a un astronauta a la Luna.

 # ¿Cuándo se utilizó el dinero por primera vez?

RESPUESTA En tiempos antiguos, la gente se hacía ella misma todo lo que necesitaba. Al principio, las personas vivían en grupos pequeños. Cuando empezó a vivir más gente en una misma zona, los agricultores cultivaron una variedad más amplia de vegetales y de frutas. Al tener tantos alimentos disponibles, empezaron a cambiarlos unos por otros. Pero debido a que algunos alimentos son más valiosos que otros, se inventaron piezas de dinero para hacer más fácil el intercambio.

¿Cuántas manzanas equivalen a un pescado? No era nada fácil efectuar intercambios exactos cuando un alimento era más valioso que el otro.

Algunas de las primeras formas de dinero fueron conchas o piezas de arcilla con inscripciones que les asignaban un valor. La gente las utilizaba para comprar cosas, tal como nosotros lo hacemos hoy con las monedas y los billetes.

■ El primer dinero

Los antiguos sumerios, quienes vivieron en lo que hoy conocemos como Irak, usaban símbolos de arcilla *(abajo)* como dinero. La forma del símbolo indicaba un artículo específico, y el tamaño mostraba la cantidad. Los chinos primero pagaban con conchas de cauri. Alrededor del año 600 a.C. utilizaron utensilios de metal como dinero, tales como la azada y el cuchillo de bronce de la derecha.

▲ Símbolos de arcilla, 3000 a.C.

▲ Concha de cauri, siglo VII a.C.

▲ Moneda con forma de azada, 500 a.C.

▶ Moneda con forma de cuchillo, 300 a.C.

Las primeras monedas

Las monedas no sólo tenían que ser fuertes, sino también ligeras para que pudieran ser transportadas con facilidad. El metal se convirtió en el mejor material. Las monedas de oro y de plata eran las más valiosas. Una de las primeras monedas de metal es Lidia, en el este de Turquía *(a la derecha)*, y está hecha de oro y plata. Esta moneda tenía un diseño sencillo, pero más adelante muestran diseños más complejos. En varios países, las monedas tenían un agujero en el centro para así poderlas transportar en una cuerda, como es el caso de la moneda japonesa usada en el siglo VIII.

▲ Esta antigua moneda de oro se utilizó hace 2.500 años en Lidia, Asia Menor.

▲ Moneda del imperio mogol de la India.

▲ Una de las primeras monedas usadas en Japón, fechada en el siglo VIII.

▶ Moneda japonesa de oro, usada en el año 1835.

● A los padres

El dinero se inventó cuando la gente empezó a vivir en grupo. Al principio utilizaban diferentes formas de trueque, dependiendo de la región. En Etiopía usaban la sal como medio de intercambio; en el sur de África, ganado; en América Central, maíz; y en Siberia, pieles de animales. Al mismo tiempo, se dio inicio a una forma más común de intercambio, pasando de conchas y otros objetos a monedas de metal. Hoy el valor de los artículos se transforma en una unidad de dinero común para todos los que viven en un país.

 ## ¿Cómo eran los primeros relojes?

RESPUESTA Los primeros habitantes de la Tierra no tenían necesidad de saber la hora de forma exacta. Dividían los días basándose en el nacimiento y la puesta del sol, y contaban los años de acuerdo con las estaciones. Hace unos 3.500 años, la gente empezó a mostrar el paso del tiempo a través de ingeniosos inventos.

Hace mucho, la gente podía medir el tiempo por la posición del Sol en el cielo. En el antiguo Egipto, monumentos de piedra, como el obelisco de abajo, servían como relojes de sol que marcaban la hora mediante la sombra que iba avanzando.

▲ **Un reloj de agua griego: la clepsidra.**

Relojes que consumían el tiempo

◄ **Un reloj-vela** era simplemente una vela con las horas del día marcadas. Cada segmento coloreado duraba alrededor de una hora. El número en el que la cera terminaba mostraba la hora que era.

◄ **Algunos relojes quemaban** aceite para medir el paso del tiempo. La gente podía saber la hora del día por el nivel del aceite que quedaba en la lámpara.

Relojes de pared y relojes de bolsillo

En los primeros relojes de bolsillo, un muelle metálico (cuerda) en forma de espiral accionaba una única manecilla a medida que se desenrollaba. Los relojes de péndola funcionaban por medio de un tambor del que tiraban unas pesas. El movimiento del tambor se transmitía a un mecanismo de escape. Los dientes de este mecanismo estaban conectados por una barra a la parte superior del péndulo.

◄ Reloj de cuerda o de resorte

► Reloj de péndola

• **A los padres**

Los primeros relojes mecánicos, accionados por pesas colgantes, eran voluminosos y pesados. Se colocaban en las iglesias y en los edificios públicos. Los relojes se hicieron populares en los hogares en el siglo XVII, cuando la invención de los modelos de cuerda y de péndola permitió la construcción de relojes más pequeños. Louis Cartier creó el primer reloj de muñeca para el aviador Alberto Santos-Dumont en 1907

 ¿Cómo se ha llegado hasta el actual calendario?

RESPUESTA Los primeros habitantes de la Tierra medían el año de acuerdo con las estaciones. Seguían los ciclos del Sol y de la Luna, pero se encontraban con años que eran demasiado largos o demasiado cortos. El calendario actual empezó en 1582, cuando los astrónomos del papa Gregorio XIII escogieron un año de 365 días y un año bisiesto cada cuatro años.

■ El calendario lunar

Los babilonios fueron los primeros que utilizaron un calendario, hace unos 5.000 años. Ellos medían un año observando las fases lunares. Pero el calendario lunar no es preciso. Sólo tiene 354 días en un año, en lugar de 365.

■ El calendario solar

Al principio, los antiguos egipcios basaban sus calendarios en las fases lunares. No obstante, cuando observaron la posición del Sol a medida que la Tierra giraba a su alrededor, se dieron cuenta de que el año era más largo que el ciclo lunar, así que pasaron a utilizar el calendario solar.

■ El congreso del papa Gregorio XIII que reformó el calendario

■ El calendario juliano

El general romano Julio César copió a los egipcios, pero añadió algunos días al final del año para hacerlo de 365 días. Este calendario, llamado calendario juliano, fue adoptado en el año 46 a.C., y permaneció hasta que se introdujo el calendario gregoriano.

• A los padres

No es nada fácil definir un año. Concuerda más o menos con el ciclo de las estaciones y dura el tiempo que la Tierra tarda en dar una vuelta alrededor del Sol. El calendario juliano tenía meses de duración irregular y se quedaba un poco corto. La reforma gregoriana estableció el promedio de días en un mes y añadió un año bisiesto cada cuatro años. Cuando coinciden un año bisiesto y un cambio de siglo, el año bisiesto sólo es reconocido como tal cuando es divisible por 400. Por ejemplo, 1700 no fue un año bisiesto, pero el año 2000 sí que lo será.

¿Cuándo se empezó a comer con cucharas y tenedores?

RESPUESTA En tiempos antiguos, la gente comía con los dedos. Para tomar sopa o cocido utilizaban conchas o trozos de madera. Cortaban la comida con piedras afiladas, hasta que descubrieron cómo hacer hojas de metal. Poco después, la gente empezó a comer con cuchillos. Hace unos 1.000 años empezaron a dar al metal la forma de tenedores. Poco a poco fueron cambiando el número de dientes para convertir esos utensilios en los tenedores que usamos hoy.

■ **Cucharas**

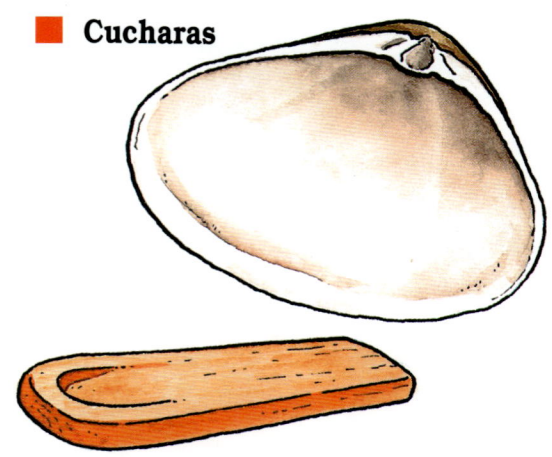

Al principio, la gente comía con conchas o con trozos de madera con una concavidad en un extremo, a modo de cuchara.

■ **Tenedores**

Antes de que se inventaran los tenedores, la gente tomaba la comida con la punta de los cuchillos.

¿Qué hay de los palillos?

Los palillos son mucho más antiguos que los tenedores. En China, la gente comía con ellos hace 5.000 años. Algunos palillos antiguos estaban unidos por un extremo, como si fueran pinzas. Hoy día se siguen utilizando los palillos en los países del oriente de Asia.

El tenedor se inventó cuando la gente quiso un utensilio para comer que fuese mejor que el cuchillo. La forma de los tenedores fue cambiando poco a poco, de ser algo con lo que se pinchaba la comida al tipo de tenedor curvo con cuatro dientes que se usa hoy. Esta forma es más útil para tomar la mayoría de alimentos, aunque hay diseños de tenedores con sólo dos o tres dientes.

• A los padres

Los primeros utensilios para comer fueron posiblemente conchas y piezas de madera en forma de cuchara. Los tenedores aparecieron en Italia alrededor del año 1100. Curiosamente, sólo se utilizaban para comer bayas y otros alimentos que pudieran manchar los dedos del comensal. Cuando Catalina de Médicis se casó con el rey Enrique II, en 1533, llevó a la corte francesa los tenedores y los buenos modales en la mesa italianos. Se desconoce el origen exacto de los palillos, pero parece ser que empezaron en China y desde allí se extendieron a Corea, Japón y otros países asiáticos.

¿Cómo se llegó a inventar la pasta de dientes o dentífrico?

RESPUESTA Mucho antes de que se inventara el dentífrico, la gente se lavaba los dientes para mantenerlos blancos y libres de partículas de comida. Al principio, sólo los reyes y las personas adineradas usaban unos polvos que mezclaban con agua para formar una pasta. Entre los ingredientes solían estar cornamentas de ciervo en polvo y cascos de ganado en polvo.

Ingredientes del primer dentífrico

Cornamentas de ciervo en polvo

Hierbas

Miel

Cascos y huesos de ganado en polvo

El dentífrico de Fauchard

Se mezclaba jabón con cal para hacer una pasta.

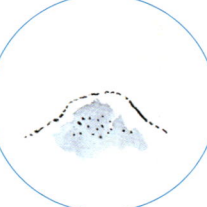

Se trituraba coral y conchas marinas hasta que se conseguían unos polvos abrasivos.

Se mezclaba un extracto de la corteza de la planta de la jabonera con agua.

Pierre Fauchard, un dentista francés del siglo XVIII, desarrolló el primer dentífrico, similar al que usamos hoy. Fauchard mojaba una esponja en agua caliente y usaba una mezcla de los ingredientes que aparecen arriba para limpiar sus dientes.

¿De dónde vinieron los primeros cepillos de dientes?

Hace mucho tiempo, la gente no utilizaba cepillos de dientes. Se enjuagaban la boca con agua y se frotaban los dientes con los dedos. En algunos países, la gente masticaba palos hasta que los extremos se volvían como las cerdas de un cepillo, con los que sacaban brillo a sus dientes. También afilaban palos para así limpiar los espacios entre los dientes, que es como hoy en día utilizamos los mondadientes.

▲ Palo masticado con las puntas acabadas en cerdas.

▲ El mondadientes se utilizaba para limpiar los espacios interdentales.

Los cepillos de dientes fueron utilizados primero por gente de alto rango en China. Con el tiempo, la costumbre se extendió a Europa.

• A los padres

La primera evidencia del uso de polvos para limpiar los dientes se encontró en Egipto, donde se utilizaban con propósitos cosméticos e higiénicos. La gente los convertía en una pasta, la extendía sobre un dedo y la frotaba sobre los dientes. Alrededor del año 1498, los chinos hacían cepillos de dientes con cerdas. Sólo a partir del siglo XVIII, cuando se empezaron a conocer las causas de la caries, se han desarrollado dentífricos para mantener los dientes y las encías saludables.

¿Cuándo se utilizó el jabón por primera vez?

RESPUESTA Antes de que a nadie se le ocurriera hacer jabón, la gente utilizaba una mezcla de cenizas de madera y agua para eliminar la suciedad de la ropa. Algunos años después, alguien decidió endurecer las cenizas usando grasa animal para hacer una mezcla sólida. Aquella fue la primera pastilla de jabón.

▲ El primer jabón que conocemos lo hacían los antiguos fenicios en la costa mediterránea de lo que hoy es Líbano. Ellos hervían en agua una mezcla de grasa de cabra y cenizas de madera hasta que formaba espuma en la superficie. Cuando la espuma espesaba, la sacaban y la dejaban secar hasta que se convertía en jabón.

■ El baño con jabón era popular en las riberas mediterráneas

España

Mar Mediterráneo

Los primeros detergentes

Antes de que se conociera el jabón, la gente lavaba con jugos de plantas que producían mucha espuma. Hervían la corteza o los frutos de la jabonera, y usaban el líquido de la misma forma que hoy utilizamos los detergentes. Antes de que existieran las lavadoras, lavaban la ropa a mano en los ríos, presionándola con los pies, frotándola contra piedras o golpeándola con una tabla.

▲ Los jaboncillos son el fruto de la jabonera.

Olivos

Italia

Debido a que los primeros jabones estaban hechos con grasa de animales, olían mal. La gente que vivía en los países mediterráneos usó aceite de oliva en lugar de grasa animal, consiguiendo un jabón que tenía un olor agradable.

MÁS DATOS

La palabra española *jabón* proviene del latín *sapo*. La palabra jabón tiene una pronunciación parecida en varios idiomas. *Shabon*, la antigua palabra japonesa para jabón, se dice que proviene de *saboten*, que significaba cacto, porque el jugo del cactos se utilizaba como jabón. *Sekken* es la palabra que se usa hoy en Japón. Pero ésta también suena de forma similar a *savon* en francés y *savao* en portugués. Se dice que el término alemán para jabón, *seife*, proviene de la palabra latina para sebo, *sebum*.

• A los padres

El jabón es probablemente una invención de los fenicios, quienes mezclaban cenizas de madera y agua. Más tarde mezclaron las cenizas con grasas de animales y obtuvieron una fórmula de cinco partes de carbonato de potasio, hecho a partir de cenizas de madera, como la de la haya, mezcladas con una parte de grasa. Las grasas animales a menudo hacían que el jabón tuviese un olor rancio. La mezcla también era cáustica, y, por lo tanto, no era apropiada para lavar el cuerpo. La producción regular de jabón empezó en el siglo VIII, cuando se pudo eliminar el olor desagradable. La gente empezó a mezclar aceite de oliva con ceniza de algas para producir jabones con fragancias agradables.

¿Qué hizo que se inventaran las gafas?

RESPUESTA Antes de que se inventaran las gafas, le gente utilizaba cristales y piedras preciosas como lentes de aumento. Las gafas, tal como las conocemos hoy, aparecieron en Italia durante el siglo XIII. Cuando los sopladores de vidrio manipulaban cristales curvos de diferentes grosores, notaban que el cristal parecía acercar los objetos. Con eso en mente, dieron al vidrio la forma de lentes y las unieron con alambre.

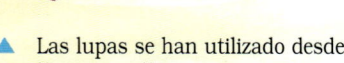
Las lupas se han utilizado desde tiempos antiguos.

El arte italiano del soplado del vidrio

El vidrio es una mezcla fundida de arena, sosa y piedra caliza. Los vidrieros soplan la mezcla líquida caliente, como si hicieran pompas de jabón, a través de un tubo fino. Mientras experimentaban con el vidrio, descubrieron que éste podía aumentar los objetos.

Las primeras gafas o anteojos se apoyaban sobre la nariz de la persona. También se hicieron lentes para un solo ojo, a los que se denominó monóculo.

■ Clases de gafas

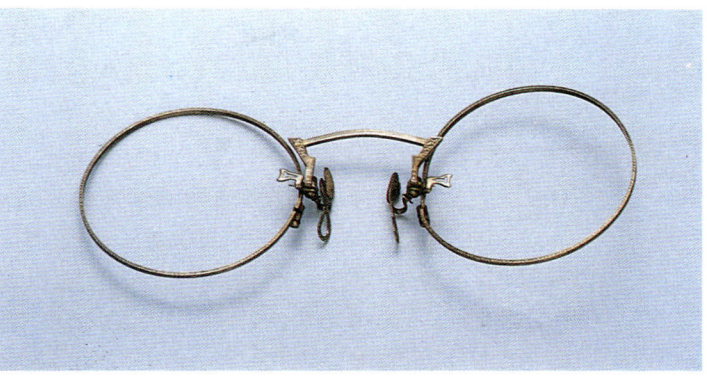

▲ Este modelo se denominaba *quevedos* y se sujetaba en la nariz. Se llama así porque con este tipoe de anteojos está retratado el literato Quevedo.

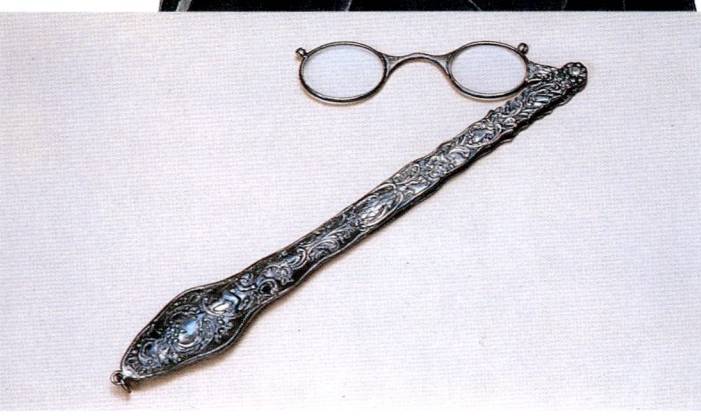

▲ Este modelo se llamaba *impertinentes* y lo utilizaban las señoras. Estaba adornado con bonitos diseños y tenía una larga manija que servía para aguantar los anteojos.

▲ Las primeras gafas con patillas que se sujetaban en las orejas se hicieron en Inglaterra en el siglo XVIII.

● A los padres

La lente más antigua que existe, que data de alrededor del año 700 a.C., fue encontrada en una excavación asiria. La lente era un cristal pulido que se usaba para aumentar los rayos del sol para encender un fuego. Las gafas fueron inventadas por un físico en Italia en el siglo XIII. Los vidrieros de Murano, cerca de Venecia, fabricaron las primeras gafas y guardaron este arte en secreto.

 # ¿Quién desarrolló los zapatos de lona?

 En los países fríos, antes de tener zapatos, la gente se envolvía los pies en pieles de animales. En climas más cálidos no necesitaban zapatos. Pero en América del Sur, los indios protegían las plantas de sus pies bañándolos en látex, la savia de un árbol a partir de la cual se fabrica el caucho. Esta aplicación condujo a la invención de los zapatos de lona con suela de caucho.

■ Cómo Goodyear mejoró el caucho

En los años treinta del siglo pasado, Charles Goodyear estaba intentando obtener un caucho que fuera más flexible y duradero. Mientras investigaba, tiró accidentalmente una mezcla de caucho y azufre encima de una estufa. Cuando el material se enfrió, Goodyear se dio cuenta de que había descubierto la vulcanización, un proceso que hace que el caucho no se agriete. Entre los productos que se pudieron hacer gracias a este descubrimiento están los zapatos de lona.

Zapatos de todo el mundo

La gente ha estado llevando zapatos desde hace miles de años, y los estilos han sido tan diferentes como las costumbres de cada país. En tiempos antiguos, los egipcios llevaban sandalias hechas de piel o de fibras vegetales trenzadas. En Roma, los senadores llevaban sandalias con cuatro tiras negras de piel enrolladas a sus pantorrillas como símbolo de rango. En Rusia, durante centenares de años, botas gruesas de fieltro mantenían los pies calientes. Los estilos variaban dependiendo del clima y del propósito del zapato.

▲ En la India, los zapatos están hechos de tela y tienen la punta curvada hacia atrás en forma de espiral.

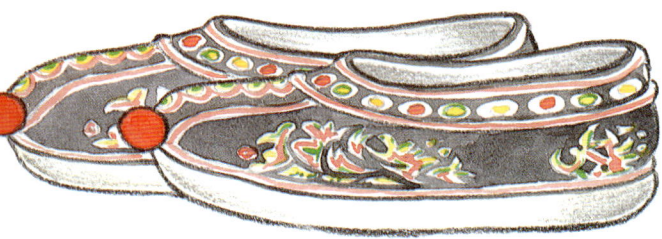

▲ Los zapatos de tela de China tienen la punta ligeramente levantada.

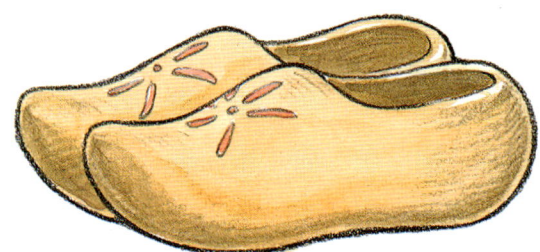

▲ Los zuecos de madera que se llevan en Países Bajos sirven para mantener los pies secos en suelos húmedos y empapados.

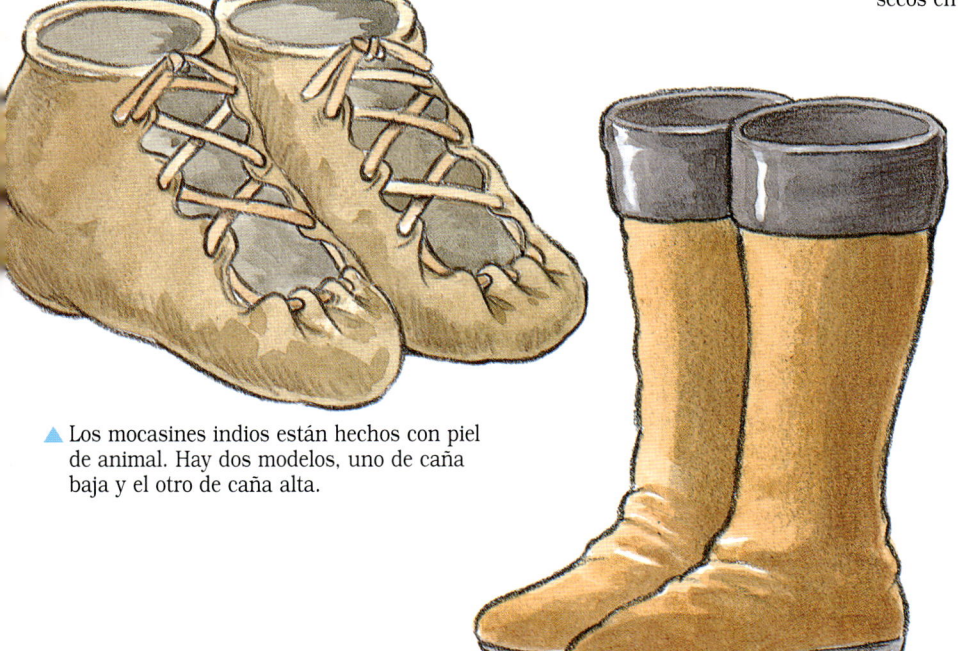

▲ Los mocasines indios están hechos con piel de animal. Hay dos modelos, uno de caña baja y el otro de caña alta.

▲ En la mayoría de países fríos la gente lleva botas con el interior forrado.

• A los padres

Los primeros zapatos en Egipto eran sandalias hechas de tiras de papiro entrelazadas, y las llevaban únicamente los miembros de la clase alta. Los griegos hicieron sandalias de piel; los árabes cosían zapatos de cuerda y cáñamo; y la gente que vivía en climas fríos se envolvía los pies con el pelaje o la piel de animales. Durante miles de años, los zapateros cosían los zapatos a mano. En el siglo XIX, después de que se inventara la máquina de coser, los zapateros empezaron a usar hormas para dar forma a los zapatos y a coserlos a máquina, aumentando considerablemente la producción.

¿Cuándo se empezó a utilizar el paraguas?

RESPUESTA Las sombrillas se utilizaban en China, hace ya 3.000 años, por el emperador y otras personas de alto rango de la corte. La función de la sombrilla era indicar el rango de la persona, más bien que de proteger contra la lluvia. En la antigua Grecia, las mujeres llevaban quitasoles para protegerse del sol.

■ El paraguas de hombre

En la Europa del siglo XVIII, las mujeres pusieron de moda las sombrillas. Los hombres pensaban que era una tontería. Pero el inglés Jonas Hanway empezó a usar una sombrilla como paraguas para protegerse de la lluvia. Tenía la costumbre de llevarla siempre consigo, lloviera o no. Al principio, la gente se reía de él; pero, finalmente, se dieron cuenta de que usarla para protegerse de la lluvia tenía sentido; de esta manera, los británicos comenzaron a usar el paraguas.

Utilidades en el pasado

▲ En la antigua China, las personas de alto rango tenían criados que les llevaban las sombrillas. Además, los criados portaban paneles decorados con símbolos que indicaban la posición social de su amo.

▲ En la antigua Grecia, las mujeres se protegían de los calientes rayos del sol con quitasoles o parasoles; su propio nombre indica su utilidad.

 **¿Cómo se mantenía seca la gente?**

En tiempo lluvioso, antes de que se usara el paraguas, la gente se mantenía seca llevando capotes gruesos, capas y sombreros impermeables, que se hacían tejiendo hojas enceradas y hierba.

• **A los padres**

Las primeras sombrillas en China estaban hechas con armazones de glicina o de sándalo, cubiertos por hojas o plumas. Estos simbolizaban el rango de una persona. Los antiguos egipcios colocaron papiro encima del armazón. Durante mucho tiempo sólo se utilizaban para proteger a las personas del sol. En 1750, el inglés Jonas Hanway utilizó por primera vez una sombrilla como paraguas. Los demás se reían, pero fue una buena idea. Al principio, no se consideraba de buena educación el que un hombre usara paraguas, y a los soldados se les prohibió su uso. Pero finalmente los paraguas se pusieron de moda. Alrededor de 1840, Henry Holland inventó las varillas de acero, lo cual permitió aumentar la producción. El paraguas plegable fue inventado en Alemania en 1930.

¿Quiénes fueron los primeros que se miraron en espejos?

RESPUESTA El agua fue el primer espejo. Las personas veían sus caras reflejadas en charcas y ríos. Otro de los primeros espejos fue una piedra negra brillante llamada obsidiana. Pero, ni las piedras ni el agua daban un reflejo nítido. Cuando la gente aprendió a pulir el metal para que tuviera una superficie brillante, empezó a usar espejos de bronce. Los espejos actuales están hechos de cristal bañado en plata.

Los espejos hechos de obsidiana

La obsidiana, una piedra volcánica parecida a cristal negro, fue utilizada en tiempos antiguos como espejo.

◀ Obsidiana

▲ Un espejo asiático

▲ Un espejo europeo

Espejos de bronce

El bronce es un metal hecho de una mezcla de estaño y cobre que fue desarrollado por las primeras civilizaciones. Los metalistas descubrieron que si hacían una pieza plana de bronce y la pulían bien, podía usarse a modo de espejo.

Los espejos italianos

En 1508, los vidrieros de Venecia inventaron un espejo hecho de cristal. Bañaron la parte trasera de una lámina de cristal en estaño y mercurio, lo cual le dio brillo e hizo que reflejara las imágenes perfectamente.

A los padres

El agua ha sido usada como espejo desde tiempo inmemorial. Los espejos de mano, como los de obsidiana o de bronce, eran objetos preciosos. El espejo bañado en mercurio y estaño fue tan revolucionario, por lo que se refiere a sencillez y a coste, que la técnica se convirtió en un secreto muy bien guardado. Alrededor de 1840, la mezcla de estaño y mercurio fue sustituida por un baño de plata, que todavía se usa en la actualidad. La invención del cristal laminado revestido de plata en el siglo XVII permitió la fabricación de espejos de cuerpo entero.

¿Cómo se inventaron los *hula-hoops*, los discos voladores y los yoyós?

RESPUESTA Los niños a menudo idean sus propios juegos y juguetes. Los *hula-hoops* eran, posiblemente, los mismos aros que los niños solían empujar por las calles con una vara hace ya 2.000 años. Es posible que esos niños hicieran girar los aros alrededor de sus cinturas cuando se cansaron de correr detrás de ellos.

Los niños hacen rodar el aro valiéndose de un palo

■ El lanzamiento del disco volador

Los discos voladores de plástico que lanzas por el aire fueron inventados cuando los estudiantes universitarios empezaron a lanzarse entre sí los moldes de empanada vacíos.

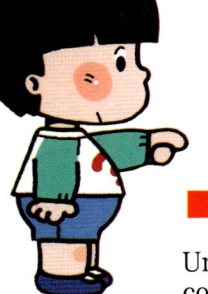

■ El primer yoyó

Uno de los primeros juguetes chinos consistía en dos discos de marfil que daban vueltas sobre una cuerda de seda. En el siglo XVI, los cazadores filipinos usaban un objeto similar como arma, al que llamaron yoyó.

• A los padres

Los *hula-hoops* hicieron furor en la década de los años cincuenta, pero la moda declinó cuando los médicos descubrieron que hacer girar el aro causaba lesiones en la espalda y en el cuello. El nombre en inglés para lo que nosotros conocemos como disco volador es *frisbee*. Esta denominación se debe al nombre impreso en los moldes de las empanadas de la compañía Frisbie de Connecticut, Estados Unidos. Tres universidades estadounidenses –Harvard, Princeton y Yale– afirman haber dado origen a este juego en los años cuarenta, cuando sus estudiantes empezaron a lanzarse los moldes vacíos entre sí. El yoyó, que antiguamente se usaba como arma en el sureste de Asia, fue llevado a Francia por misioneros franceses.

 ## ¿Quién ideó el primer rompecabezas?

 En 1760, John Spilsbury, un joven cartógrafo e impresor británico, creó un juego para enseñar geografía. Pegó mapas impresos sobre hojas de caoba y los recortó con una sierra siguiendo las líneas que dividían los países y las provincias. Al colocar las piezas de nuevo en su lugar, los niños aprendían los países del mundo. Esta idea condujo a la creación de rompecabezas sobre otros temas con piezas que encajaban entre sí. En la actualidad, los rompecabezas pueden tener hasta 5.000 piezas.

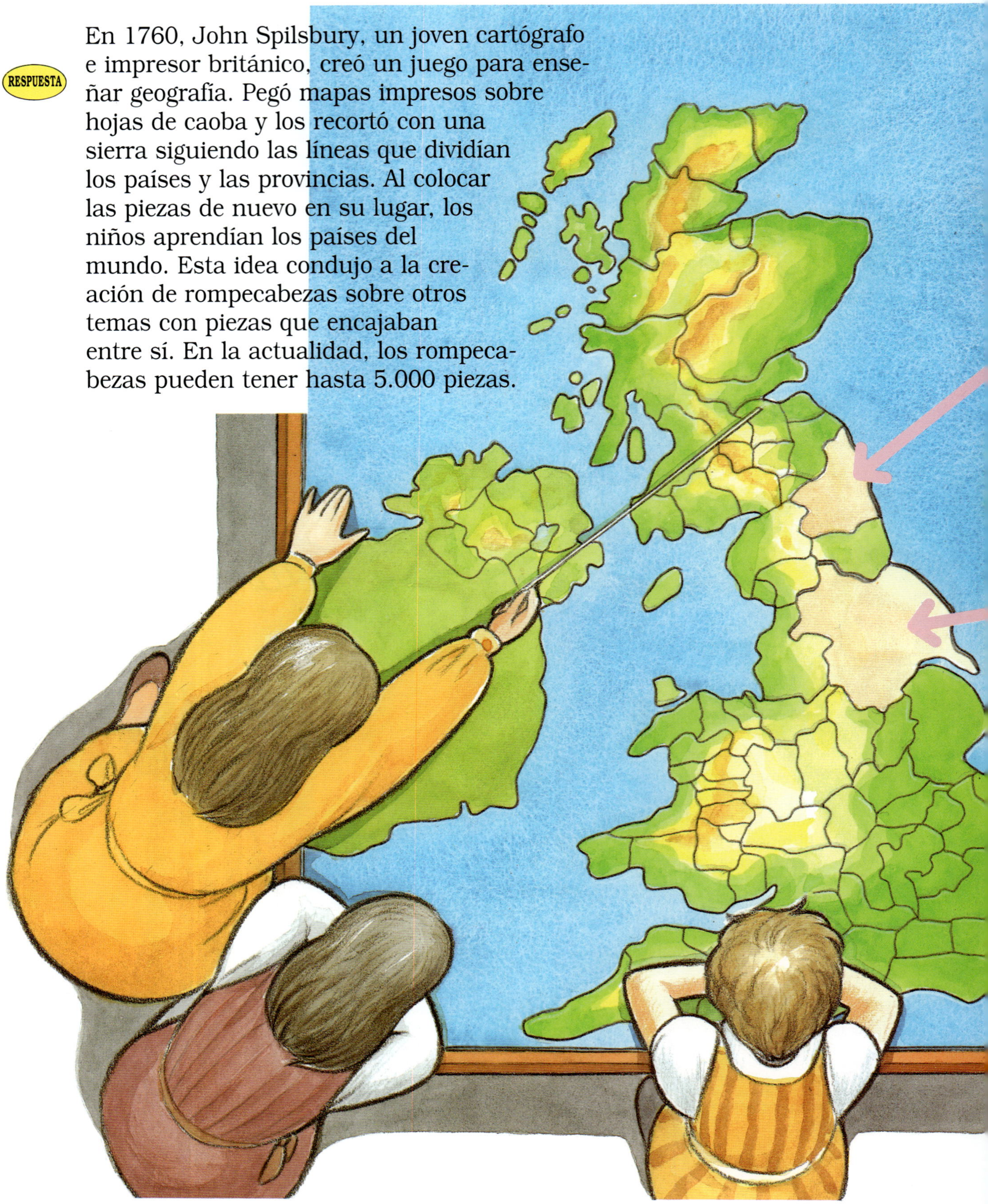

■ **Diferentes tipos de rompecabezas**

◄ **Un rompecabezas con colores.** El objetivo de este rompecabezas es el de colocar los nueve dibujos en forma de cuadrado sin usar dos veces un mismo color en cualquiera de las esquinas de cada pieza.

▼ **Rompecabezas deslizante.** Después de mezclar los números del rompecabezas de piezas deslizantes, el jugador tiene que colocar los números en orden moviéndolos a través del espacio que queda vacío.

▼ **El cubo de Rubik.** El arquitecto húngaro Erno Rubik pensó en hacer un rompecabezas que ayudara a sus estudiantes a entender el concepto de las tres dimensiones. Desarrolló un rompecabezas que se conoce como el cubo de Rubik. Tardó más de un mes en colocar cada cara del cubo del mismo color.

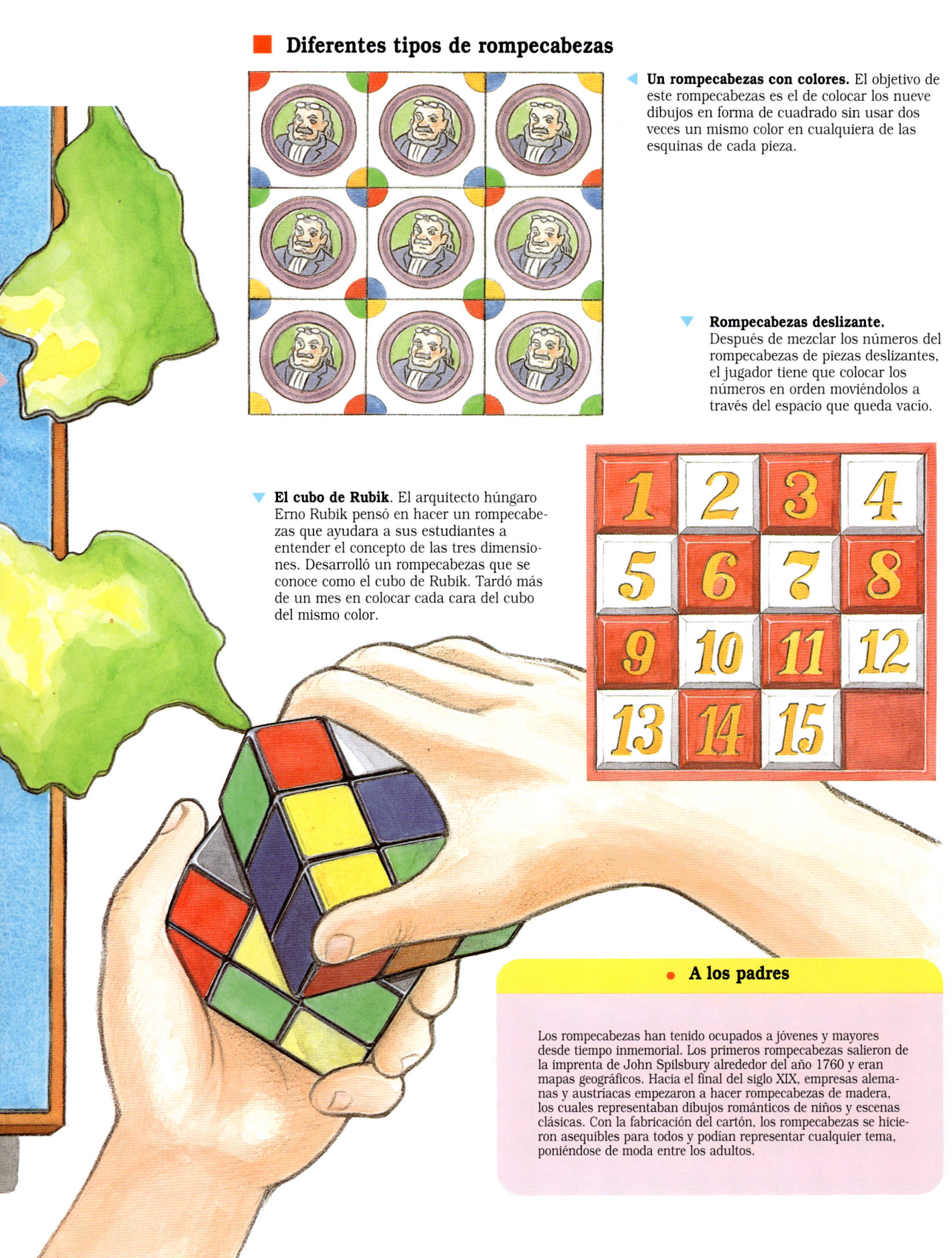

● **A los padres**

Los rompecabezas han tenido ocupados a jóvenes y mayores desde tiempo inmemorial. Los primeros rompecabezas salieron de la imprenta de John Spilsbury alrededor del año 1760 y eran mapas geográficos. Hacia el final del siglo XIX, empresas alemanas y austríacas empezaron a hacer rompecabezas de madera, los cuales representaban dibujos románticos de niños y escenas clásicas. Con la fabricación del cartón, los rompecabezas se hicieron asequibles para todos y podían representar cualquier tema, poniéndose de moda entre los adultos.

¿Qué aspecto tenía la primera bicicleta?

RESPUESTA La primera bicicleta, construida en 1818, tenía ruedas de madera y no tenía pedales. Los ciclistas empujaban las bicicletas con sus pies en el suelo. Los inventores rápidamente consiguieron que las bicicletas fueran más fáciles de utilizar al añadirles pedales, cadenas, desarrollos y neumáticos de goma.

▲ **El "caballito" de Macmillan.** Un herrero escocés llamado Kirkpatrick Macmillan añadió pedales a la bicicleta, que entonces se llamaba "caballito de juguete". Instaló los pedales debajo del manillar y los conectó con dos largas bielas al eje de la rueda trasera. Los pedales –que por entonces tenían otro nombre, que hacía referencia al pedal que accionaba la piedra de amolar– funcionaban con un movimiento vertical.

◀ **El velocípedo de Michaux.** En Francia, Pierre Michaux y su hijo Ernest construyeron el velocípedo, una bicicleta con una rueda grande delante y otra un poco más pequeña detrás. Esta bicicleta tenía pedales en la rueda delantera y llantas de hierro alrededor de las ruedas de madera.

▶ **El biciclo** podía ir más rápido que el velocípedo porque su rueda delantera era mucho más grande que la trasera. Una vuelta de los pedales propulsaba esta bicicleta a una gran distancia. El sillín estaba por encima de la rueda delantera para que el pedaleo fuera más fácil. Este tipo de bicicleta fue muy popular en los países anglosajones.

▲ **Bicicletas más seguras**. Hace unos 100 años, las bicicletas empezaron a tener un aspecto más moderno. Llamadas bicicletas de seguridad, tenían las ruedas del mismo tamaño, neumáticos de goma y una cadena de transmisión. Hoy en día se construyen bicicletas de paseo, de carreras, de competición, de turismo, de mujer, de niño y plegables.

● A los padres

En 1818, el barón alemán Karl von Drais exhibió la primera bicicleta en París. Los ciclistas propulsaban esta máquina de dos ruedas empujando con sus pies en el suelo. Veinte años más tarde, Kirkpatrick Macmillan, un herrero escocés, mejoró la bicicleta equipándola con unos pedales que colgaban del manillar. La siguiente generación de bicicletas tenía los pedales conectados a la rueda delantera. El biciclo, que tenía una gran rueda delantera, se podía desplazar a más velocidad que las otras bicicletas. En 1889, John Dunlop, un veterinario de Belfast, introdujo la llanta neumática. Esta nueva llanta, junto con el sistema de desarrollo en la rueda trasera y la transmisión por cadena, hizo que las bicicletas fueran un medio popular de transporte.

¿Hace mucho que se conocen los fuegos artificiales?

RESPUESTA Hace casi 2.000 años, los chinos inventaron los fuegos artificiales. Llenaban un tubo de bambú con carbón vegetal, azufre y salitre, prendían fuego a la mezcla y la lanzaban al aire. Esta novedad se extendió desde China al Oriente Medio, y desde allí a Europa. Al principio, los fuegos artificiales no eran más que petardos voladores que hacían mucho ruido y humo. Hace unos 600 años, los italianos aprendieron cómo hacer que las explosiones fueran más largas. En el siglo XIX, añadieron productos químicos que emitían destellos de color amarillo y naranja.

■ **Fuegos artificiales italianos**

■ Los fuegos de artificio chinos

Los primeros fuegos de artificio, que se hacían estallar durante las fiestas en China, hacían mucho ruido. Los chinos los hacían explotar con el propósito de ahuyentar a los espíritus malignos.

■ Los fuegos artificiales modernos

En la actualidad, los fuegos artificiales tienen unos colores espléndidos, con destellos que van del amarillo y el rojo al verde y el azul, con asombrosas explosiones en forma de estrella y de flor.

• A los padres

Los fuegos artificiales empezaron cuando un cocinero chino combinó azufre, salitre y carbón vegetal en la cocina –por lo menos eso es lo que dice la leyenda– y la mezcla explotó accidentalmente. Muy pronto, los chinos encontraron utilidades para estos explosivos. Metían los ingredientes en tubos de bambú y los lanzaban al aire. Los tubos estallaban haciendo mucho ruido y se convirtieron en un espectáculo diurno para ahuyentar a los espíritus malignos en las bodas y para celebrar las victorias o el año nuevo. No fue hasta la segunda mitad del siglo XIV que los fuegos artificiales iluminaron de noche el cielo de Florencia, en Italia.

¿Cómo fueron inventados los lápices?

RESPUESTA Desde el descubrimiento del grafito, una sustancia blanda parecida al carbón, la gente ha intentado escribir con él. Pero el grafito pierde su forma con el uso. Así que lo envolvieron con una cuerda o lo intentaron aguantar con una abrazadera, creando así los primeros lápices.

▲ Uno de los primeros lápices era parecido al del dibujo de arriba. Consistía en un trozo de grafito sujetado entre dos piezas de madera que estaban atadas juntas con una cuerda.

Aunque el grafito era adecuado para escribir, se rompía fácilmente y manchaba las manos del que escribía.

▼ Los inventores mezclaron diferentes materiales con el grafito, con la intención de endurecer esta sustancia. N. J. Conté propuso la mina de lápiz que usamos en la actualidad: una mezcla de grafito, azufre y arcilla.

■ Grados de dureza

Los fabricantes tienen una lista de los grados de dureza de las minas de los lápices, y la indican mediante letras que van desde la B (blanda) a la H (dura), o mediante números: del 1 (el más blando) al 4 (el más duro), pasando por el número 2 (semiblando).

■ La antigua pluma

Durante 1.000 años, la gente escribió con las plumas de la cola o del ala de oca. Se afilaba la punta de la pluma y se mojaba en tinta.

■ Los bolígrafos modernos

El estadounidense Lewis Edson Waterman inventó la primera pluma que funcionó con éxito en 1884. El bolígrafo apareció mucho más tarde: fue desarrollado por los húngaros Lazlo y Georg Biro en 1935.

• A los padres

En 1564 se descubrieron en Inglaterra unos yacimientos de grafito extraordinariamente puro. Este abundante material se podía cortar en barras para escribir. Pero el grafito tiene una consistencia pastosa y se rompe durante su utilización. En 1792, el francés Nicolas-Jacques Conté mezcló grafito con arcilla y azufre, creando así barras de grafito endurecido. El estadounidense William Monroe colocó las barras en el interior de piezas finas de madera, inventando los lápices.

¿Quién construyó los primeros patines?

RESPUESTA Los primeros patines eran patines de cuchilla, que se inventaron en los países en los que los ríos permanecen congelados durante largo tiempo en invierno. Un belga, llamado Joseph Merlin, probó el patinaje sobre superficies lisas sustituyendo las cuchillas de los patines por ruedas. En 1759 apareció tocando su violín sobre patines de ruedas en un baile de máscaras en Londres. Pero sus patines no funcionaron demasiado bien. Cuando intentó detenerse, se estrelló contra un espejo.

■ Los primeros patines de ruedas

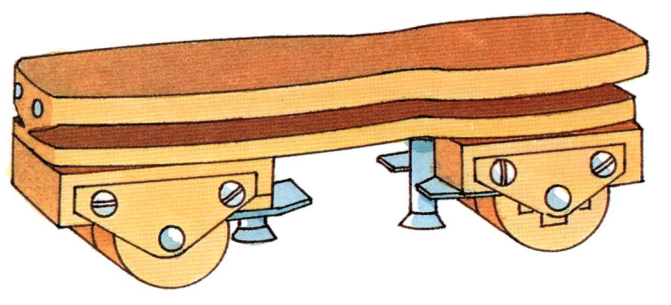

Después de que Joseph Merlin hubiera hecho alarde de su invención en Londres, un cantante apareció sobre patines de ruedas en una escena de patinaje sobre hielo de una ópera en París. Como no se sabía la manera de hacer una pista interior de hielo, rodaban en patines como el que se muestra arriba a la izquierda. A la derecha, se muestra el primer patín de ruedas que permitía al que lo llevaba girar en redondo y detenerse.

■ Los patines modernos

Al usar los modelos actuales, los patinadores sobre ruedas pueden girar, dar vueltas y competir en carreras de gran velocidad. Los patines en línea, a menudo llamados "patines con cuchillas de ruedas" –con sus ruedas dispuestas en una sola hilera–, dieron origen a los partidos de hockey sobre ruedas.

• A los padres

El belga Joseph Merlin inventó los patines de ruedas en 1759. Efectuó una entrada espectacular en un baile de máscaras en Londres, patinando con zapatos de ruedas y tocando su violín. Su construcción era tosca, y no había ninguna forma de controlar las ruedas. Cuando intentó detenerse, se estrelló contra un espejo y resultó herido de gravedad. Varios inventores hicieron mejoras. Pero los patines no llegaron a ser populares hasta 1884, cuando se introdujeron los rodamientos. Con los patines en línea se pueden alcanzar los 70 kilómetros por hora.

¿Por qué se inventaron las cremalleras?

RESPUESTA Hasta 1893, la gente sólo se podía abrochar los vestidos y los zapatos con botones y cordones. El norteamericano Whitcomb L. Judson pensó que podía utilizarse algo más cómodo. Inventó un artilugio hecho de dientes diminutos al que llamó cierre. Pero esta cremallera siempre se estaba desabrochando. Un ingeniero sueco llamado Gideon Sundback perfeccionó el invento de Judson e hizo la primera cremallera con dientes de metal que encajaban entre sí.

▲ Se hicieron calzados con cremallera, que reemplazó a los botones y a los cordones.

■ **Los problemas con los cordones**

La gente se cansó de atar los cordones de sus anticuados zapatos de caña alta y de sus botas. Con una cremallera podían abrochar rápidamente sus botas de goma, las cuales permanecían bien cerradas en tiempo lluvioso.

Las primeras cremalleras

Poco después de la invención de la cremallera, durante la Primera Guerra Mundial, el ejército y la armada de los Estados Unidos probaron el nuevo cierre. Descubrieron que necesitaban menos tela para los uniformes con cremallera que para los que se cerraban con botones, y empezaron a coser cremalleras en los trajes de los marineros.

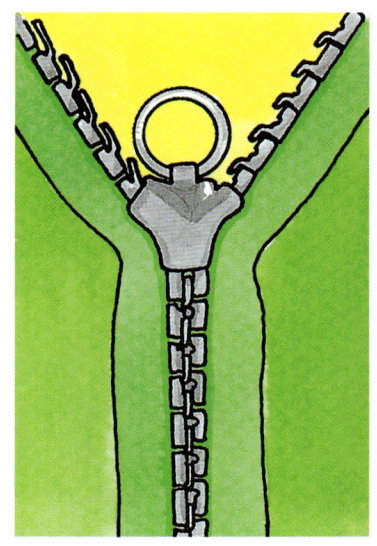
▲ Cremallera de 1906

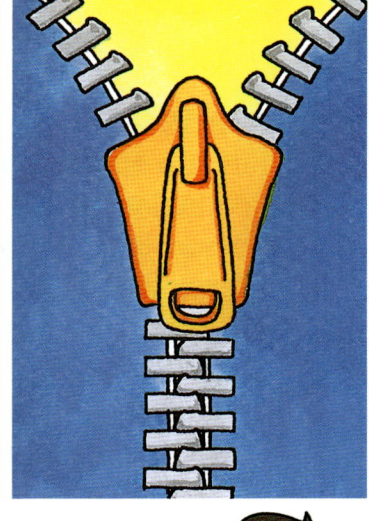
▲ Cremallera actual

¿Por qué le llamamos cremallera?

Esta palabra proviene del término francés *crémaillère*, que a su vez procede del latín *cramaculus* y del griego *kremastêr*. La palabra cremallera hace referencia a los dientes que se utilizan a modo de cierre. Curiosamente, en inglés se denomina *zip*, posiblemente debido al ruido que hace la cremallera al cerrarse.

• A los padres

Un cierre parecido a una cremallera fue inventado en 1893 cuando Whitcomb L. Judson, de Chicago, patentó un cierre que era una alternativa a los botones y a los cordones. En 1906, un ingeniero sueco llamado Gideon Sundback, que trabajaba para Judson, creó una cremallera de metal con dientes que encajaban entre sí. Patentó su invento en 1913. Poco después, la compañía Goodrich comercializó unos chanclos que se cerraban con el nuevo artilugio. Las primeras cremalleras se fabricaron con dientes de metal, pero en la actualidad también se fabrican con dientes de plástico. El término cremallera hace referencia a los mecanismos que tienen dientes engranados (como el tren cremallera, la dirección cremallera).

 ¿Cómo se inventó la cinta con autocierre?

 En 1948, el suizo Georges de Mestral practicaba el montañismo en los Alpes. Después de la excursión, encontró cápsulas de neguilla pegadas a sus pantalones y calcetines, y le costó mucho quitarlas. Examinó las cápsulas de cerca y se dio cuenta de que tenían diminutos ganchos en el extremo que se enredaban en las diminutas presillas del tejido de su ropa. Esto le dio la idea de hacer ganchos y presillas similares para abrochar la ropa. Pidió a un tejedor francés que le ayudara a desarrollar este cierre, y ocho años después consiguieron la cinta con autocierre. Su posterior comercialización con el nombre de "Velcro" ha popularizado esta denominación.

▲ Las semillas de algunas plantas, como la neguilla, tienen ganchos diminutos que se enganchan en el pelo de los animales que pasan por su lado. Éste es el medio que utiliza la naturaleza para dispersar semillas a otras zonas.

■ **La idea de la cinta con autocierre**

■ Cómo funciona el autocierre

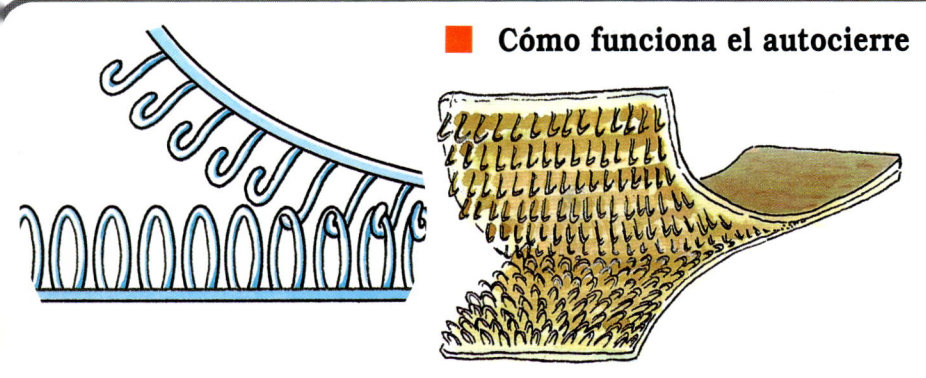

El cierre está compuesto por dos tiras de tela. Una está cubierta de diminutos ganchos de nailon endurecido; la otra, de diminutas presillas. Cuando las dos tiras se aprietan una contra la otra, los ganchos se enganchan en las presillas y se mantiene el cierre.

¿Para qué se usa la cinta con autocierre?

Calzado

Trajes espaciales

Bolsos

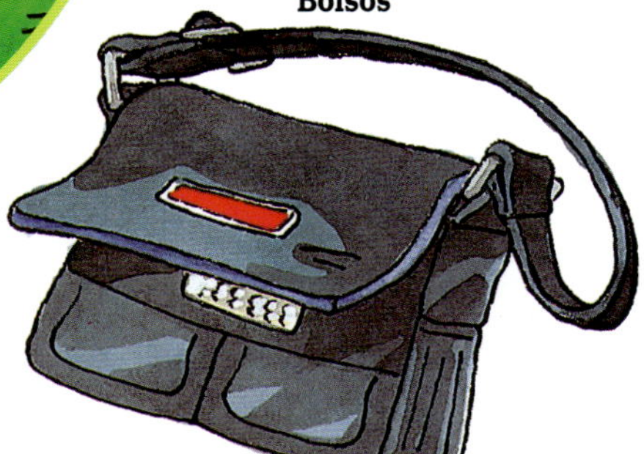

La cinta con autocierre se utiliza en los objetos que se muestran en esta página, y también se utiliza en muchos otros. Su inventor esperaba que reemplazaría a la cremallera. Aunque no lo ha hecho, hay utilidades para ambos inventos.

• A los padres

El suizo Georges de Mestral inventó la cinta con autocierre. El nombre comercial "Velcro" proviene de los términos ingleses *velvet* (terciopelo) y *crochet hook* (corchete de ganchillo). Los fabricantes textiles mostraron entonces poco interés por el nuevo cierre. En lugar de darse por vencido, De Mestral empezó a trabajar con un tejedor en Lyon, Francia, para producir una tira de algodón con ganchos y presillas. Para la mitad de los años cincuenta, cuando se descubrió un proceso para endurecer el nailon, De Mestral utilizó la cinta de nailon, que demostró ser robusta y se cerraba de forma consistente.

¿Cómo se popularizaron los pantalones vaqueros?

RESPUESTA En los años cincuenta del siglo pasado, cuando la fiebre del oro en California estaba en su punto culminante, un joven sastre de Baviera, Alemania, llamado Levi Strauss, viajó hacia el oeste para probar suerte. Extraer oro era un trabajo duro, y los mineros se desgarraban los pantalones cada día. En lugar de buscar oro, Levi Strauss decidió fabricar pantalones con una fuerte lona de la ciudad italiana de Génova, llamada *Gênes* en francés, o, pronunciada toscamente en inglés, *jeans* (pantalones vaqueros o pantalones tejanos, en español). Estos pantalones eran tan robustos que todo el mundo quiso unos.

■ **Unos pantalones resistentes para los buscadores de oro**

■ **Los primeros pantalones vaqueros eran blancos**

Levi Strauss cosió los primeros pantalones vaqueros con el mismo material blanco que usó para hacer tiendas y cubiertas de carro. Aunque estos pantalones eran muy fuertes, no eran adecuados para el trabajo porque se ensuciaban fácilmente en las minas.

¿Por qué son azules, los pantalones vaqueros?

Para que los pantalones vaqueros blancos fueran más prácticos, Levi Strauss tiñó la tela con el tinte más popular de aquel tiempo, el jugo del índigo. El índigo produce un color azul vivo que se queda en la tela permanentemente.

▲ El jugo de la hojas y del tallo del índigo se usa como tinte azul.

● **A los padres**

Después de su éxito con los pantalones de lona, Levi Strauss sustituyó esta fuerte tela por un material un poco más flexible. Aunque este tejido también era resistente, los mineros todavía se quejaban de que los bolsillos se rompían fácilmente al llevar herramientas pesadas. Fue entonces cuando el sastre reforzó los bolsillos con remaches de cobre. Actualmente, los pantalones vaqueros, o pantalones tejanos, han dejado de ser símbolo de un modo de vestir informal, pues se han impuesto en todo el mundo debido a su comodidad.

¿Quién inventó el fútbol, el béisbol y el baloncesto?

RESPUESTA Durante siglos se ha jugado en Inglaterra a un deporte parecido al fútbol, en el que se daba patadas a una pelota; pero muchas veces acababa en riñas y disputas. Hace unos 100 años, los clubes ingleses tuvieron una reunión para establecer nuevas reglas y hacer que el juego fuera más seguro. A partir de entonces lo llamaron fútbol. El béisbol probablemente tuvo su origen en el juego inglés conocido como críquet. El baloncesto fue inventado por James Naismith en 1891 en el International YMCA College, una facultad de Springfield, Massachusetts.

■ Orígenes del fútbol

■ Del críquet al béisbol

El críquet, que es un deporte nacional en Inglaterra, fue llevado a Estados Unidos por los primeros colonizadores. A este deporte se juega con un bate y una pelota, y en él compiten dos equipos de 11 jugadores. La gente cambió gradualmente las normas del juego y lo llamó béisbol. En 1845, Alexander Cartwright creó el primer club de béisbol –el Knickerbocker Club de Nueva York– y estableció nuevas reglas.

En el críquet, un bateador tiene que evitar que la pelota llegue a una portería formada por una serie de estacas. Si el bateador golpea a la pelota y cambia su posición con otro bateador, marca una carrera. Un equipo sigue bateando hasta que 10 jugadores son eliminados.

■ El baloncesto

El baloncesto fue concebido por un profesor de universidad estadounidense como un deporte que se podía practicar en lugares cubiertos en invierno. El conserje de la facultad instaló unas cestas de melocotones en la parte superior de unos postes, y el equipo jugaba con un balón de fútbol.

• A los padres

Deportes como el fútbol, en el que varios jugadores van dando patadas a una pelota, han sido populares desde tiempos antiguos. En Inglaterra, los equipos de ciudades diferentes jugaban cada uno con reglas diferentes. En 1863, los clubes de fútbol ingleses se reunieron en Londres para establecer unas reglas comunes. También prohibieron el uso de las manos, distinguiendo así el fútbol del rugby. El primer equipo de béisbol se formó en Estados Unidos en 1845, y este juego se convirtió rápidamente en un pasatiempo nacional. El baloncesto fue ideado por James Naismith a petición de Luther Gulick, director del departamento de educación física del International YMCA College. Naismith dispuso unas normas escritas, que incluían el tamaño de la pelota y el número de jugadores por equipo.

¿Quién hizo el primer sándwich?

RESPUESTA Hace más de 200 años, el conde de Sandwich era tan aficionado a las partidas de cartas que no quería perder tiempo ni para comer. Mandó que le pusieran lonjas de carne y de queso entre dos trozos de pan de molde, para así poder comer con una mano mientras seguía jugando con la otra. Por esta razón, este emparedado recibió el nombre de *sandwich*.

¿Bocadillo, emparedado o sándwich? La diferencia entre sándwich o emparedado y bocadillo estriba en que el primero es un emparedado hecho con dos rebanadas de pan de molde entre las que se coloca jamón, queso, embutido, vegetales u otros alimentos; en el bocadillo, se utiliza un panecillo.

Sándwiches de todo el mundo

El relleno de los sándwiches puede variar con cada país. En Francia, el relleno puede ser de tortilla de huevo; en Alemania, de salchichas; en Estados Unidos, de queso. Actualmente, existe una gran variedad de rellenos aún dentro de cada país.

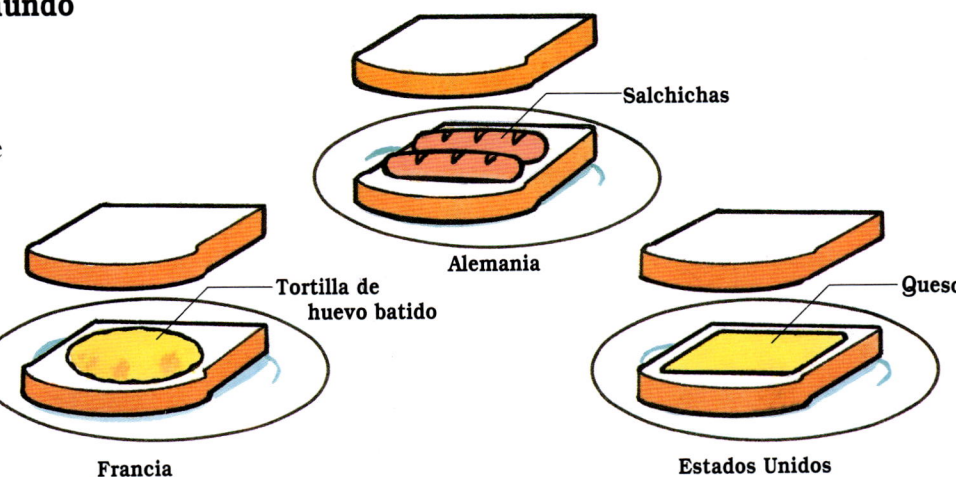

Alemania — Salchichas
Francia — Tortilla de huevo batido
Estados Unidos — Queso

 ¿Cómo se inventaron las hamburguesas?

En la ciudad alemana de Hamburgo, la carne dura a menudo se machacaba y despedazaba para que fuera más tierna. Los inmigrantes llevaron esta receta a Estados Unidos. Freían la carne despedazada y la servían entre dos rebanadas de pan, llamándola hamburguesa.

• A los padres

El británico John Montagu, cuarto conde de Sandwich y primer lord del almirantazgo, era un jugador empedernido. En ocasiones rehusaba abandonar la mesa de juego para tomar una comida adecuada. Se dice que, en 1762, mandó a su mayordomo que pusiera carne y queso entre dos rebanadas de pan untado con mantequilla para que así pudiera comer sin interrumpir su partida. Aunque antes ya se habían probado combinaciones de carne y de pan en otros sitios, esta historia llamó la atención de la gente, y, usando la imaginación, empezaron a llamar a esta combinación sándwich.

 # ¿Quién se comió el primer helado?

 El primer helado se sirvió al emperador de China hace 4.000 años. Sus cocineros prepararon un postre hecho de fruta y jugo, y lo metieron en nieve para que se enfriara. Unos 2.000 años más tarde, los romanos tuvieron la misma idea, cuando el emperador Nerón pidió que se bajara hielo de las montañas para enfriar fruta.

■ ¿Cómo se hace un helado?

■ Una delicia napolitana

En el siglo XIX ya se podían comprar helados en tiendas de todo el mundo. El italiano Francisco Procopio introdujo en su tienda de París el helado al estilo napolitano, que consistía en helados con sabor a vainilla, fresa y chocolate.

Se mezclan nata, azúcar y condimentos en un recipiente pequeño que está situado dentro de uno más grande lleno de hielo y sal.

Se le da vueltas al recipiente interior hasta que la mezcla se hiela.

■ Fruta helada

El emperador romano Nerón mandó a sus cocineros que pusieran fruta y hielo en cajas. La fruta casi se congelaba y se podía comer de una forma parecida a como hoy tomamos un sorbete.

■ Los helados de fruta en China

En la China del siglo XIII, los vendedores de las calles llevaban en sus carretones helados con sabor a fruta.

• A los padres

Antiguamente, los chinos aprendieron cómo congelar zumos y los vendían como helados de fruta en las calles. De forma similar, los antiguos romanos transportaban nieve y hielo en los viajes largos para enfriar la fruta. En el siglo XIII, después de su visita a China, Marco Polo trajo, al regresar a Italia, las recetas para hacer helados de fruta. El proceso para congelar leche o nata escapó de manos italianas en 1550, cuando Blasius Villafranca, un médico español que vivía en Roma, descubrió el secreto. Añadió salitre al hielo que rodeaba a la nata, lo cual hizo disminuir todavía más la temperatura del hielo y aceleró el proceso de congelación de la nata. En seguida, los confiteros florentinos empezaron a vender auténticos helados.

 ## ¿Quién tuvo la idea de congelar los alimentos?

 Clarence Birdseye, un comerciante de pieles estadounidense, estaba viajando en invierno a través de Alaska cuando vio a unos pescadores que atrapaban unos peces que se congelaban en cuanto eran sacados del agua. Aprendió que, meses después, esos pescados congelados todavía podían estar en buenas condiciones para ser comidos. Birdseye se preguntó si otros alimentos podrían conservarse mediante la congelación, y empezó a experimentar.

Cómo se congela la comida

Se apilan cajas de comida fresca entre unos tubos llenos de líquido refrigerante. A medida que el líquido refrigerante fluye a través de los tubos, absorbe el calor de la comida.

• A los padres

En 1924, Clarence Birdseye se inició en el negocio de la comida congelada haciendo experimentos en su cocina. Puso cajas de cartón que contenían pescado y carne de conejo entre dos tubos, a través de los cuales circulaba un líquido refrigerante. Un compresor cambiaba la presión, transformando así el líquido en gas, un proceso que hacía que el refrigerante atrajera el calor de su alrededor. Cuando el refrigerante entraba en los tubos que estaban fuera del compartimento de refrigeración, se condensaba otra vez en líquido, perdiendo el calor que había recogido en el interior. Birdseye siguió perfeccionando el proceso y se le concedieron más de 300 patentes en el campo de la comida congelada y en otras.

▲ Un almacén de comida congelada.

¿Quién inventó el plástico y sus materiales derivados?

RESPUESTA El inglés Alexander Parkes inventó el primer material hecho por el hombre en los años cincuenta del siglo pasado, al mezclar sustancias químicas y materia vegetal, prensar la mezcla dentro de un molde, y, finalmente, calentarla. Este proceso tuvo como resultado una sustancia dura pero flexible, a la cual él denominó *parkesine*.

■ **Un sustituto del marfil**

El estadounidense John W. Hyatt mejoró el invento de Parkes y llamó a la sustancia celuloide. Él intentaba inventar un sustituto del marfil con el cual poder hacer bolas de billar. Aunque parecían de marfil, las bolas de celuloide explotaban fácilmente cuando chocaban unas con otras, y a veces se incendiaban. Sin embargo, el celuloide resultó ser un buen material para hacer película y refuerzos de cuellos de camisa.

La baquelita

La baquelita fue inventada por un estadounidense de origen belga llamado Leo Hendrik Baekeland. Mediante el calentamiento de sustancias químicas sacadas del carbón, del petróleo y del gas natural, obtuvo un material que fue útil para hacer teléfonos y el aislamiento de las bombillas.

El nailon

El nailon es una fibra hecha con plástico que se emplea en diferentes tejidos. Cuando se inventó el nailon, la gente estaba entusiasmada con el nuevo hilo porque tenía la apariencia y el tacto similar a la seda.

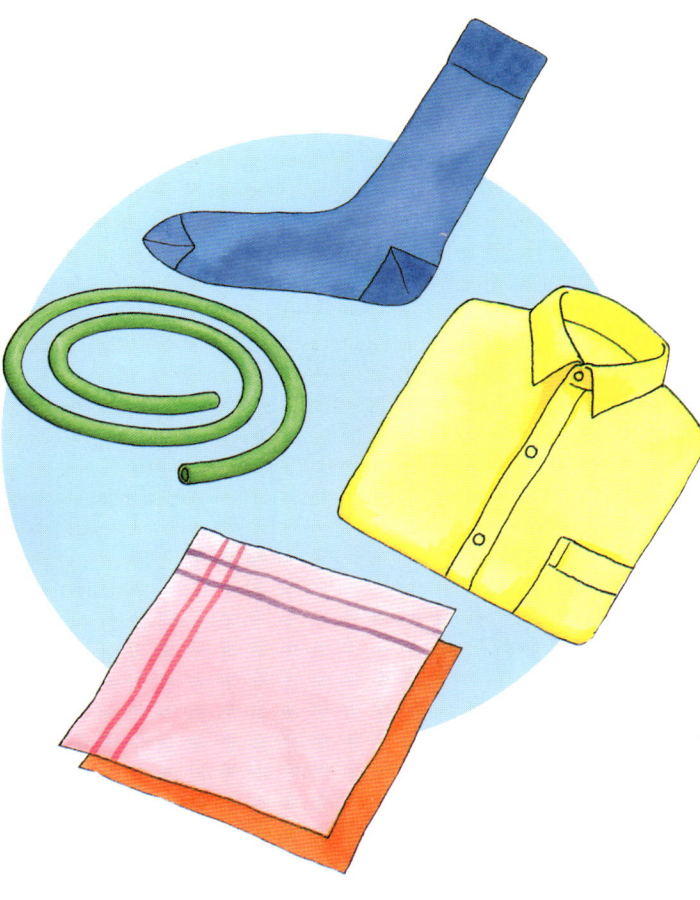

Hay muchas cosas que están hechas con plástico. ¿Se te ocurre algo que esté hecho con esta sustancia?

A los padres

El plástico es el primer material hecho por el hombre que puede ser moldeado fácilmente cuando se calienta. El químico británico Alexander Parkes desarrolló el primer material plástico, una mezcla de nitrocelulosa ablandada con aceites vegetales y alcanfor a la que denominó *parkesine*. El estadounidense John W. Hyatt reconoció las valiosas cualidades del nuevo material y lo perfeccionó, llamando a su mezcla celuloide. La baquelita, inventada por Leo H. Baekeland, fue el primer plástico completamente sintético. Debido a que era resistente al calor y no conducía la electricidad, se usó para aislar equipos eléctricos y en pequeños aparatos de cocina.

 ## ¿Cuándo se inventó la cámara fotográfica?

RESPUESTA En el siglo XVI había una caja que proyectaba imágenes en una pared y que se llamaba cámara oscura, pero no existía película. Unos 300 años más tarde, los franceses Joseph-Nicéphore Niepce y Louis Daguerre sacaron fotografías utilizando placas de metal. En 1888, George Eastman inventó una forma de sacar fotografías con la caja-cámara y película.

La cámara de Daguerre

En 1839, Daguerre hizo una cámara fotográfica con dos cajas de madera, una que se deslizaba dentro de la otra. En la caja exterior había un tubo con una lente que podía moverse hacia dentro y hacia fuera para enfocar un objeto. En lugar de utilizar película, ponía una placa de cobre revestida de plata en la parte posterior de la cámara. Esta tardaba unos 30 minutos en sacar una fotografía, y sólo funcionaba con paisajes y objetos inmóviles, ya que las personas no podían estar quietas tanto rato para ser fotografiadas.

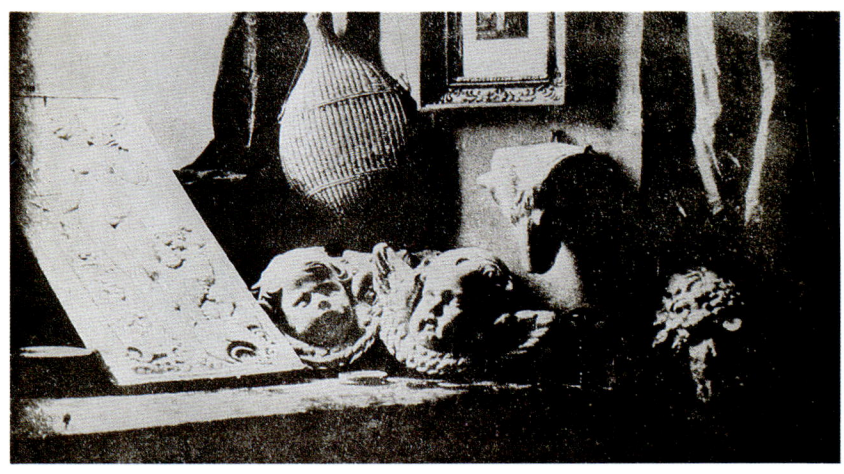

▲ Uno de los primeros daguerrotipos.

La cámara oscura

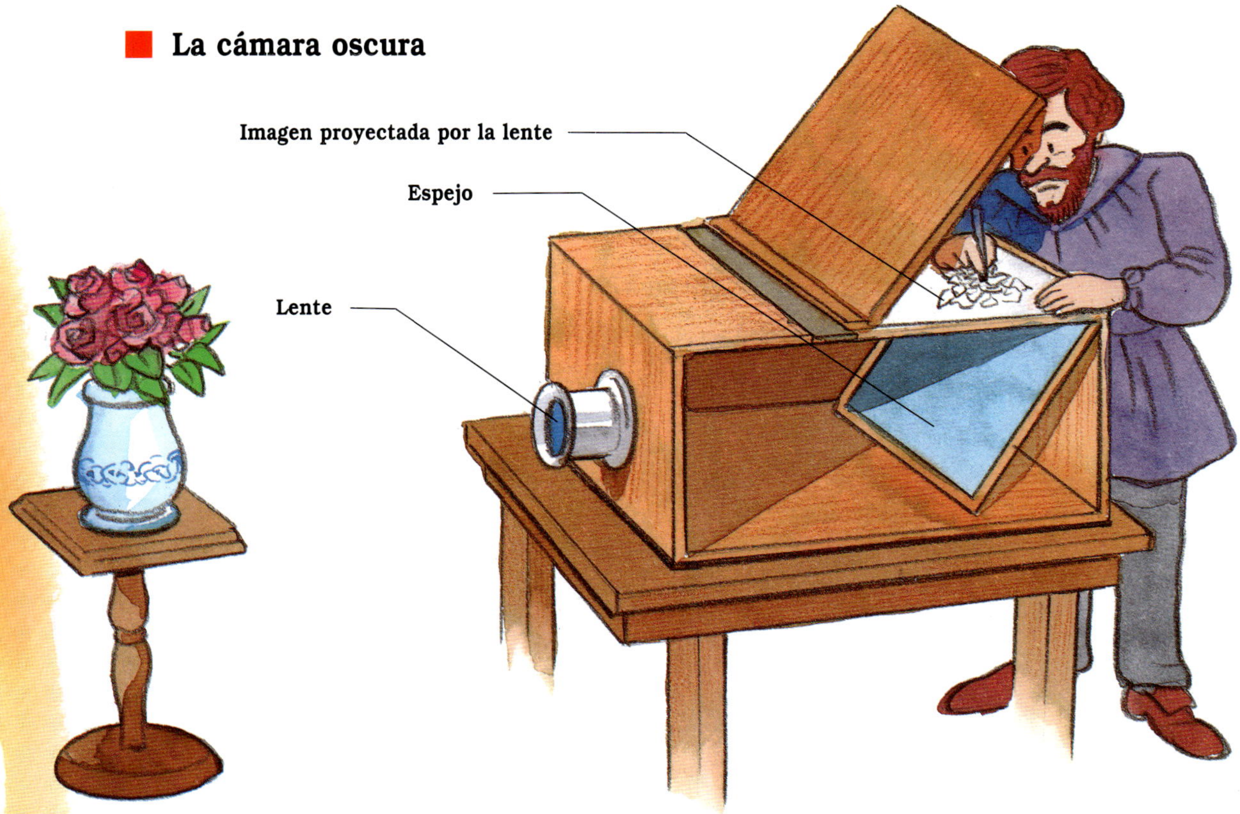

Imagen proyectada por la lente
Espejo
Lente

Las primeras cámaras eran herramientas de calcar. La imagen de un objeto, como el florero de la izquierda, era proyectada a través de una lente en un espejo, el cual proyectaba la imagen invertida en una pantalla de la parte superior.

• A los padres

En el siglo XVI, un científico italiano inventó la *camera obscura*, que significa "habitación oscura", la cual proyectaba una imagen exterior en la pared trasera de una habitación. Los artistas utilizaban una *camera obscura* más pequeña, parecida a una caja, como herramienta para calcar. En los años treinta del siglo pasado, un físico francés llamado Joseph-Nicéphore Niepce realizó un experimento para conservar la imagen proyectada mediante la aplicación de una emulsión fotosensible en la pared posterior de la caja. Louis Daguerre mejoró la sensibilidad de las sustancias químicas y empezó a hacer daguerrotipos.

 ## ¿Cómo empezó la televisión?

 La televisión se desarrolló gracias a los esfuerzos conjuntos de varias personas. Algunos inventores descubrieron cómo transmitir imágenes, y otros idearon un método para que esas imágenes aparecieran en la pantalla del televisor. Las aportaciones más importantes fueron las de tres hombres: el alemán Karl Ferdinand Braun, el británico John L. Baird y el estadounidense Vladimir K. Zworykin. Hace ya casi 100 años que se comenzaron los experimentos que llevaron a la invención del televisor.

■ **Los inventores de la televisión**

▲ El tubo de Karl Braun

El físico alemán Karl Braun inventó un método para mover flujos de electrones mediante transformar los impulsos eléctricos en áreas claras y oscuras. Cuando el tubo de cristal se encendía, se formaban imágenes en su pared posterior.

▼ El televisor de Baird

El británico John L. Baird construyó el televisor. Su máquina podía dividir una imagen en varias líneas. Este proceso, llamado exploración, todavía se emplea en las transmisiones de hoy en día.

● **A los padres**

Los experimentos con la televisión empezaron en 1897 con la invención a cargo de Karl Braun del tubo de rayos catódicos. Zworykin perfeccionó el escáner mecánico de Baird mediante explorar las imágenes electrónicamente, lo cual dividía una imagen en diminutos elementos que después se llamaron *pixels* (puntos de imagen). Una cámara proyectaba estos pixels como impulsos eléctricos en un tubo, volviendo a formar la imagen a razón de 30 imágenes por segundo.

Vladimir Zworykin hizo una cámara llamada iconoscopio *(abajo)*, que dividía una imagen en puntos. Los puntos se enviaban mediante electricidad y se transformaban en una imagen en la pantalla del televisor.

◀ Iconoscopio

¿Qué llevó a la invención de la calculadora?

RESPUESTA En el pasado lejano, la gente usaba sus dedos o guijarros para hacer cálculos. Pero pronto necesitaron ayuda. La primera calculadora fue el ábaco, que todavía se usa hoy en algunos países. Consiste en un marco de madera con unas cuentas o bolitas ensartadas en varillas. Siglos después de la invención del ábaco se empezaron a usar máquinas de calcular mecánicas, a las cuales siguieron las modernas, que funcionan con electricidad.

▶ Antes de que se inventaran las calculadoras, la gente usaba sus dedos para hacer cálculos.

■ **Diferentes tipos de calculadoras**

Ábaco. El ábaco chino fue una de las primeras calculadoras. Tiene dos cuentas en la parte superior, siendo cinco el valor de cada una de ellas. El valor de cada una de las cinco cuentas inferiores es uno.

Pascalina. En 1642, el matemático francés Blaise Pascal inventó una máquina que podía sumar y restar. Esta calculadora funcionaba mediante una serie de ruedas dentadas y de mecanismos que podían mostrar visualmente números hasta el 999.999.

■ Las calculadoras modernas

Cuantos más cálculos pudiera hacer una máquina, más grande tenía que ser ésta. Pero las calculadoras modernas, como las que se muestran a la derecha, funcionan con pilas y microprocesadores, lo cual hace que sean más pequeñas y rápidas.
Algunas calculadoras funcionan con baterías solares; algunos modelos dan el resultado en voz alta.

El Sistema Tabulador de Hollerit.
Herman Hollerith construyó una tabuladora mecánica. Su invento consistía en una máquina que perforaba agujeros en tarjetas para indicar un número. Un contador leía las tarjetas perforadas, contaba los agujeros y mostraba el resultado en diales de la misma forma que hoy en día una calculadora lo hace en una pantalla.

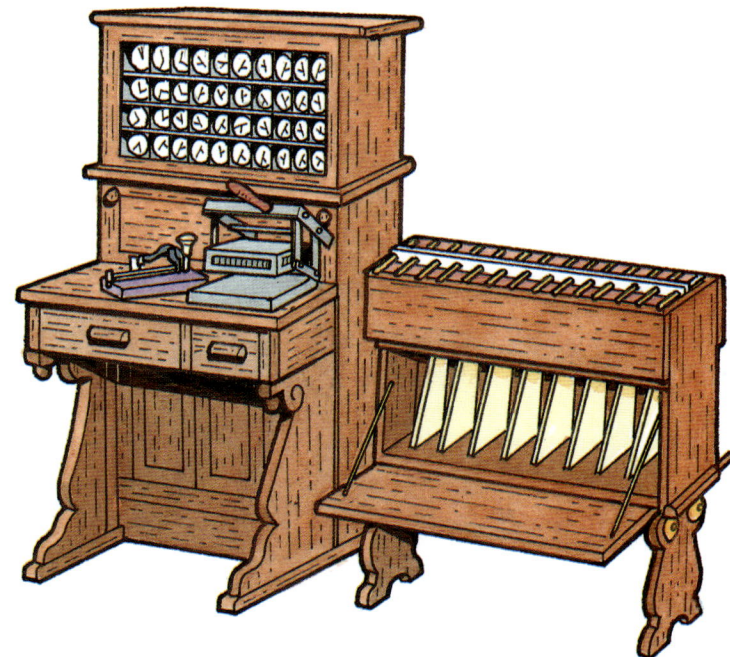

Esta calculadora de principios del siglo XX se accionaba con una manivela, y podía sumar, restar, multiplicar y dividir.

• A los padres

Mucho antes de que existieran las matemáticas, la gente ya hacía cálculos. En el antiguo Egipto y en Mesopotamia mostraban el número de animales domésticos que se poseían mediante recoger el mismo número de guijarros y meterlos en una bolsa. Cuando los animales daban a luz crías, añadían más guijarros. Cuando vendían un animal, o uno fallecía, quitaban un guijarro de la bolsa. También comprendían la multiplicación y la división. Cuando los cálculos se volvieron más complejos, la gente empezó a buscar un ayudante mecánico. Esta búsqueda llevó a la primera calculadora, el ábaco.

¿Cuándo se construyó el primer computador?

RESPUESTA En 1946, unos científicos de la Universidad de Pennsylvania construyeron el primer computador digital electrónico, llamado ENIAC (siglas en inglés para Integrador y Computador Numérico Electrónico). Esta máquina operaba con miles de válvulas de vacío, y era tan grande que ocupaba una habitación entera. Muchas personas trabajaron para perfeccionar este modelo y para desarrollar computadores más pequeños y más rápidos. Para 1972 los primeros juegos de computador tenían componentes tan pequeños que cabían dentro de una caja.

■ **El ENIAC ocupaba una gran habitación y trabajaba con válvulas de vacío**

Los muchos interruptores del Mark I

Uno de los primeros computadores fue el Mark I, que operaba en la Universidad de Harvard en 1941. Esta máquina medía 15 metros de largo y funcionaba con más de 3.000 interruptores electromecánicos. El Mark I podía realizar tres cálculos por segundo, lo cual parecía muy rápido en aquel tiempo. Un supercomputador moderno, sin embargo, puede hacer 10.000 millones de cálculos por segundo.

Comparación de tamaños

Esta secuencia ilustra cómo se ha reducido el tamaño de los computadores, desde el enorme ENIAC (que equivaldría a 180 cubos) al computador de sobremesa (que equivaldría a un solo cubo). Todavía hay ordenadores mucho más pequeños, del tamaño de un cuaderno de notas.

ENIAC — Mark I — Computador de sobremesa

¿Ordenador o computador?

Las dos palabras son correctas, pues las dos se recogen en el Diccionario de la Lengua Española de la Real Academia. Las dos sirven para denominar al calculador o calculadora, aparato o máquina de calcular. En cambio, *computarizar* o *computadorizar* denomina a la acción de someter datos al tratamiento de una computadora.

• A los padres

Los primeros computadores eran enormes debido a que las partes que hacían los cálculos se componían de válvulas de vacío y repetidores mecánicos. El ENIAC usaba casi 18.000 válvulas de vacío y producía un inmenso calor. El desarrollo de los microprocesadores, que se componen de muchos miles de interruptores y circuitos electrónicos tan pequeños que es imposible verlos a simple vista, permitió que los computadores fueran más pequeños. La tecnología aún sigue avanzando rápidamente. Pero algunos científicos creen que un computador con circuitos que pudieran duplicar el funcionamiento del cerebro humano sería mucho más grande que el ENIAC.

 ## ¿Cuándo se inventaron los robots?

 A menudo la gente mostraba el deseo de tener un ayudante mecánico que pudiera hacer el trabajo en lugar de ellos. De ahí viene la idea del robot. El ayudante mecánico más antiguo que conocemos es un muñeco japonés. Esta figura, construida en el siglo XVII, podía llevar bebidas de un sitio a otro. Otro de los primeros modelos, hecho en 1772, era una muñeco suizo que podía dibujar. A causa de estos ejemplos tenemos tendencia a imaginarnos que los robots tienen forma humana. Pero los robots modernos que se usan en las fábricas desde los años cincuenta tienen sólo manos u ojos.

■ **Un robot escritor**

Cuando se le da cuerda al robot, como a un reloj, moja su pluma en tinta, escribe y dibuja con ella.

Este muñeco mecánico, construido por un relojero suizo, funciona con muchos engranajes, ruedas dentadas y palancas que pueden hacer que dibuje o toque música.

■ Un criado mecánico

Este robot japonés podía moverse hacia adelante y hacia atrás mientras servía una bebida.

■ Un buen imitador del brazo humano

Los robots hacen los trabajos peligrosos en las fábricas. También realizan faenas que se repiten muchas veces y que aburren a la gente. Con sensores, articulaciones y pinzas, un brazo-robot como el de abajo se mueve más rápido y con más precisión que un brazo humano.

▶ En las fábricas, los robots hacen casi todo el trabajo de construcción de automóviles que antes solían hacer las personas. Pueden soldar y pintar con pistola cientos de automóviles en un día, sin cansarse ni cometer un error.

● A los padres

El autor de teatro checo Karel Capek usó el término *robot* para referirse a máquinas con forma humana. Esta palabra –que viene del checo *robota*, trabajo– apareció en un drama suyo de 1920. Los robots de hoy en día se usan en las fábricas para efectuar, a gran velocidad, trabajos que requieren precisión. La continua investigación en el campo de la robótica está en pleno auge. Algunas películas de ciencia ficción tienen como protagonistas a cyborgs, robots con cuerpo humano.

 # ¿Nos han ayudado los inventos en casa?

■ Como útiles de limpieza

Hace mucho tiempo, las personas barrían la suciedad con ramas. Más tarde, juntaron y ataron ramas o paja para hacer escobas.

▲ En la actualidad, la aspiradora es como una escoba eléctrica que ayuda a la gente a recoger la suciedad.

■ Para conservar alimento

En tiempos antiguos, la comida se mantenía fresca en lugares como las cuevas. Cuando la gente aprendió a mover grandes pedazos de hielo, se inventó la nevera. Era habitación o una caja llena de bloques de hielo que conservaba los alimentos frescos.

▲ Los frigoríficos modernos conservan fría la comida mediante una serie de tubos llenos de un líquido refrigerante que bajan la temperatura del aire interior. Los congeladores permiten conservar la comida durante meses.

● A los padres

Incluso hoy, años después de que se inventaran las aspiradoras y los frigoríficos, conservamos los métodos tradicionales de hacer las cosas. Muchas personas todavía usan escobas para limpiar y conservan la comida como se hacía antes, salándola o manteniéndola en conserva.

Álbum de crecimiento

¿Cuál es la forma más fácil de usar? 82
¿Quién lo inventó? 84
¿Qué parte del cuerpo utilizas para jugar a...? 85
¿Cuál de ellos es el más antiguo? 86

¿Cuál es la forma más fácil de usar?

Aquí tienes cuatro lápices y cuatro tazas con formas diferentes. Señala qué objeto de cada grupo es el más fácil de usar.

■ **Lápices**

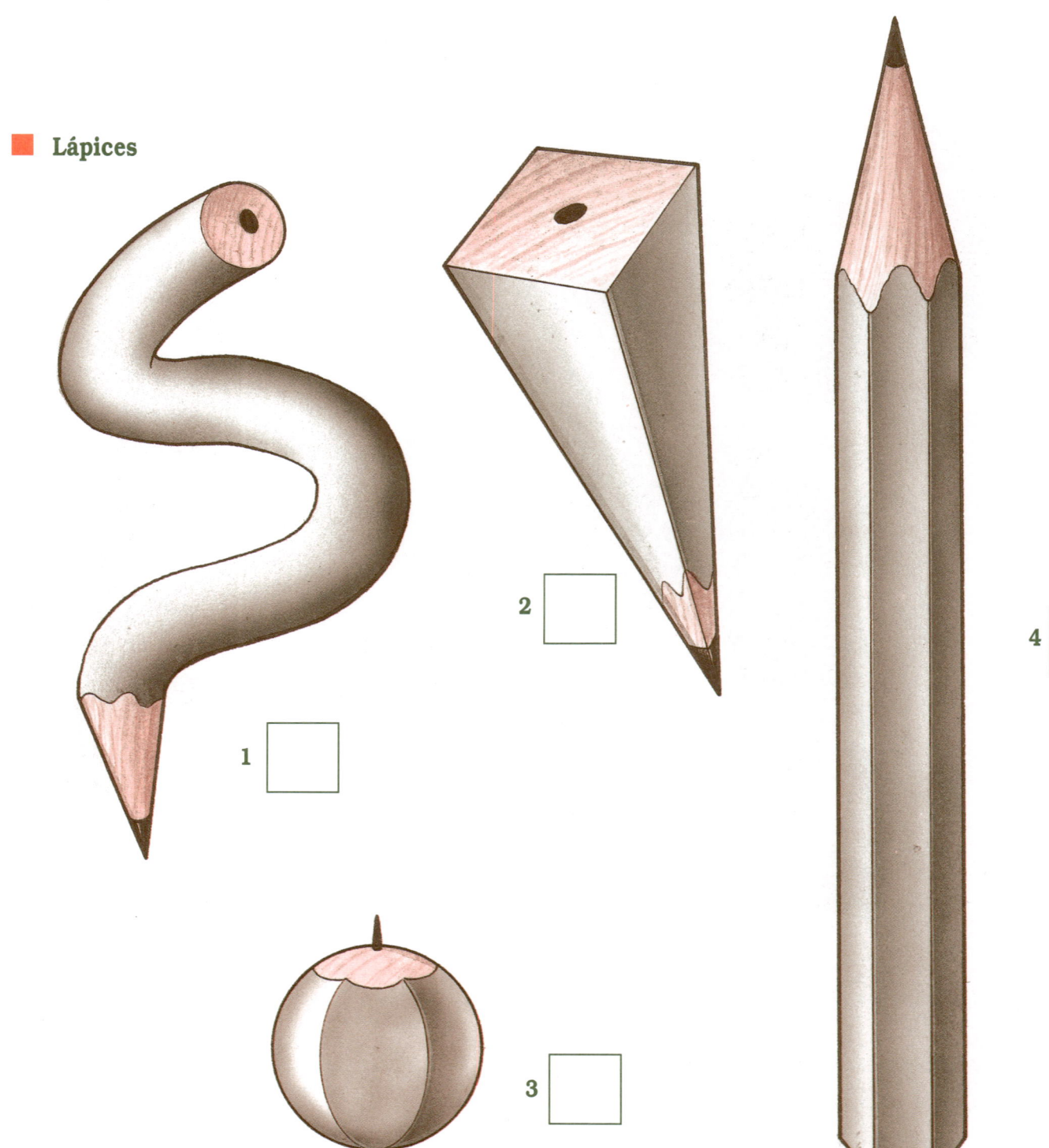

■ **Tazas**

Respuesta:
Lápiz – 4
Taza – 3

¿Quién lo inventó?

Aquí tienes los dibujos de cinco inventores. ¿Qué invento los hizo famosos? Empareja a cada inventor con su invento.

Thomas Edison •

• **Imprenta**

Alexander Graham Bell •

• **Avión**

Orville y Wilbur Wright •

• **Bombilla**

Johannes Gutemberg •

• **Teléfono**

Respuesta:
Edison – bombilla;
Bell – teléfono;
los hermanos Wright – avión;
Gutemberg – imprenta.

¿Qué parte del cuerpo utilizas para jugar a...?

Observa cómo juegan estos niños. ¿Qué parte de tu cuerpo utilizas más en cada uno de estos juegos? Escribe la respuesta en el cuadrado correspondiente.

1. Manos
2. Pies/piernas
3. Cintura

Patines de ruedas

Disco volador

Hula-hoop

Fútbol

Yoyó

Respuesta:
Patines de ruedas – 2;
Disco volador: –1;
Hula-hoop – 3;
Fútbol – 2;
Yoyó – 1.

¿Cuál de ellos es el más antiguo?

Observa los dibujos de los inventos de estas páginas. Señala qué invento piensas tú que es el más antiguo de cada grupo.

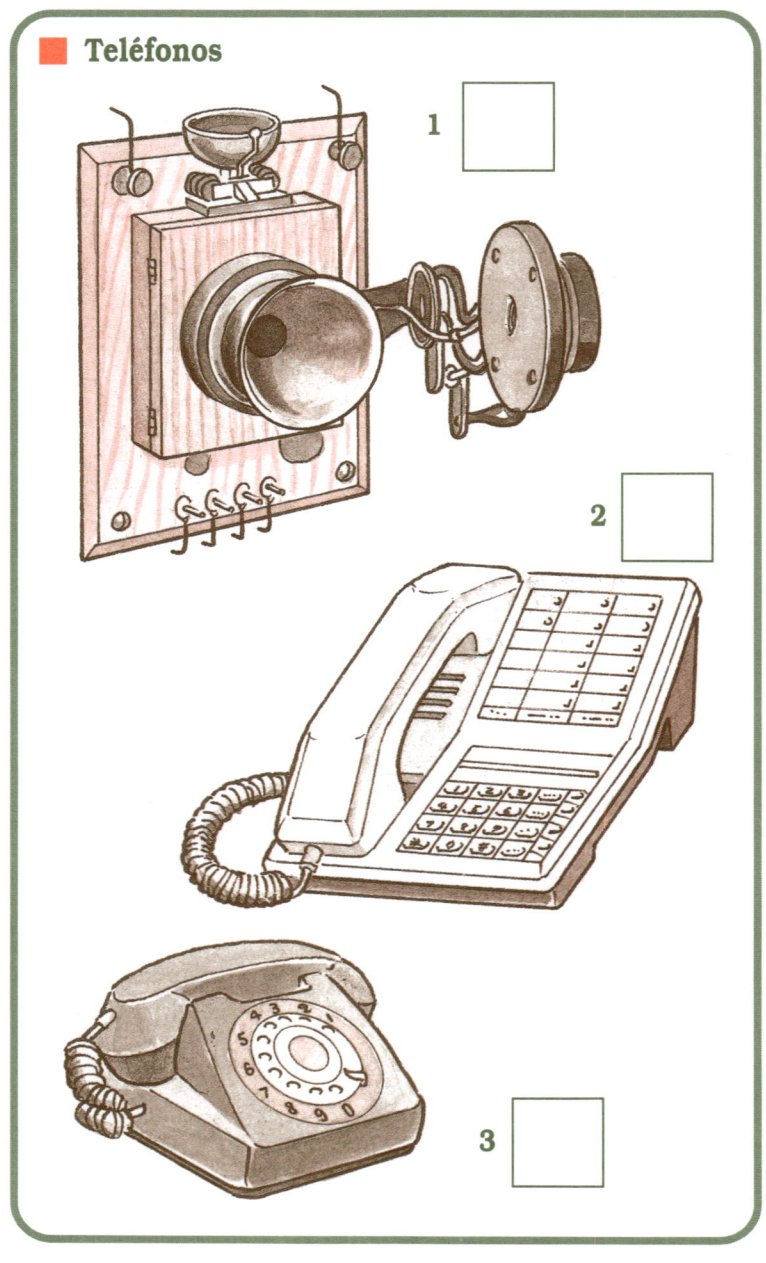

Automóviles

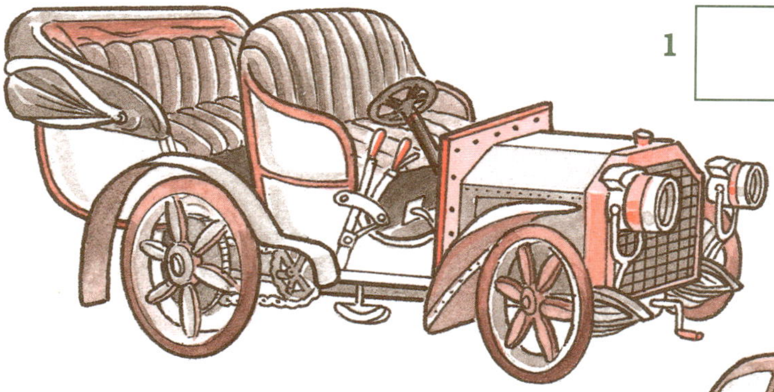

1

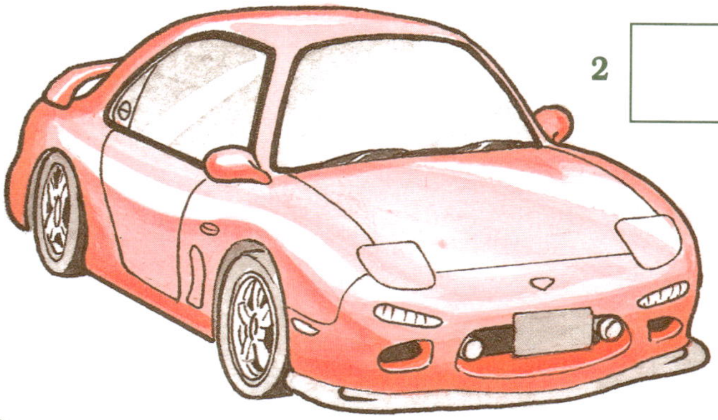

2

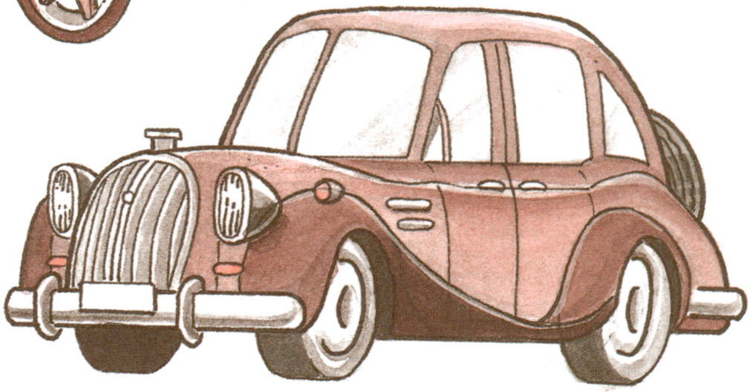

3

Aviones

1

2

3

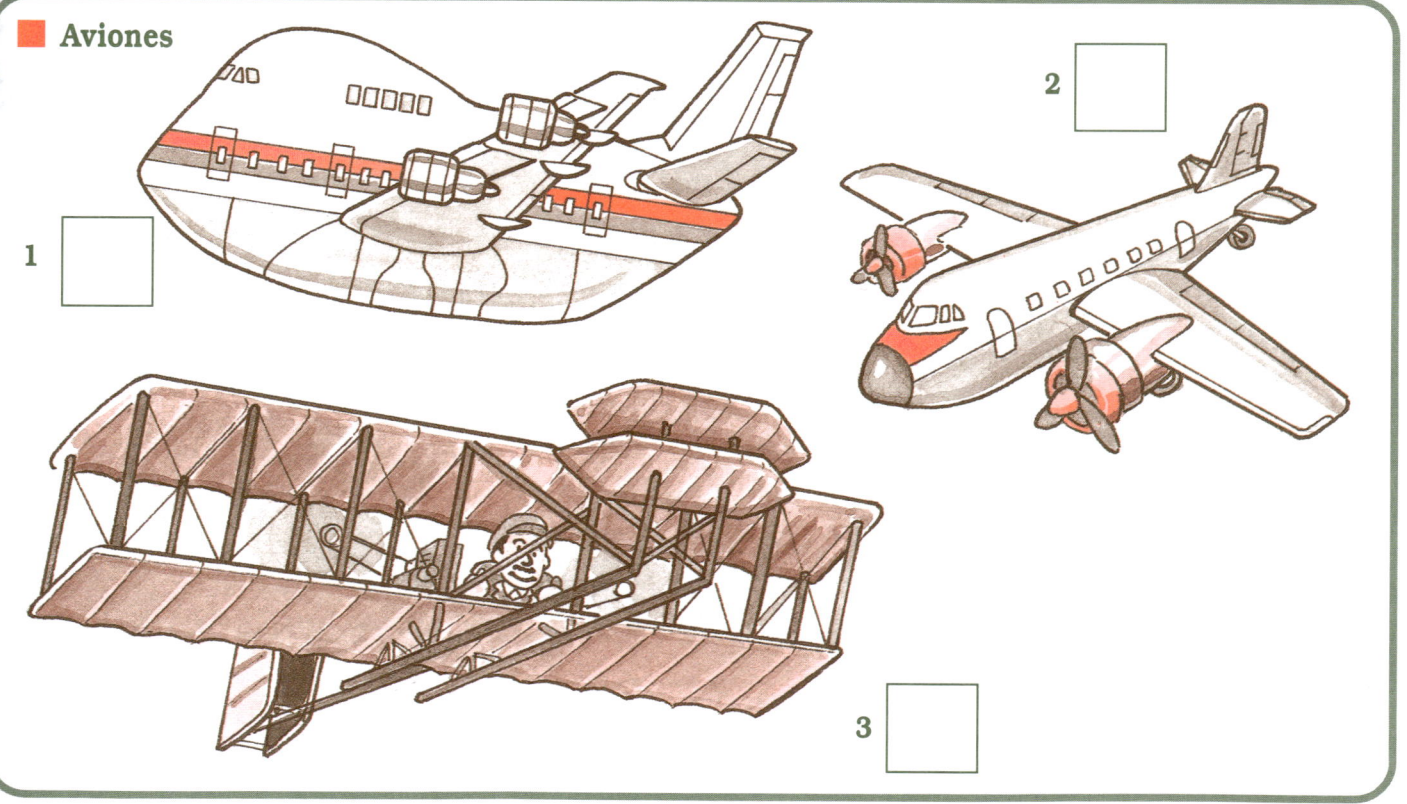

Respuesta:
Teléfono – 1;
Lápiz – 2;
Automóvil – 1;
Avión – 3.

Primera Biblioteca Infantil de Aprendizaje

Inventos y descubrimientos

Título de la obra en inglés: **Inventions and Discoveries**

© Direct Holdings Americas Inc.

Edición Original en idioma japonés
© Gakken Co., Ltd.

Time Life es una marca registrada de Time Warner Inc., o compañía afiliada, usada bajo licencia por Educational Technologies Limited, la cual no esta afilidada con Time Inc. o Time Warner Inc.

Edición original en idioma inglés por:
International Editorial Services Inc.,
Tokio, Japón

Adaptación al español por:

Dirección Editorial: Joaquín Gasca
Producción: GSC, Gestión, Servicios y Comunicación, Barcelona (España)
Traducción: Jordi Cuscó i Donadeu
Adaptación y realización: Antón Gasca

Edición autorizada en idioma español publicada por:
D.R. © *Ediciones Culturales Internacionales, S.A. de C.V.,* 2004
  Lago Mask 393, Col. Granada,
  11520, México, D.F.

ISBN 0-7835-4004-3 *Versión en español*
ISBN 0-8094-7308-9 *Versión en inglés*
ISBN 968-418-183-3 *Ediciones Culturales Internacionales, S.A. de C.V.*

Todos los Derechos Reservados.
Ninguna parte de este libro puede ser reproducida en ninguna forma por medios electrónicos o mecánicos, incluyendo almacenamiento y sistema de recuperaciónde datos, sin autorización previa por escrito del Editor, excepto que breves pasajes pueden ser citados para revistas.

Impreso en México, 2013.

Esta obra se terminó de imprimir en agosto de 2013
en los talleres de Grupo Infagón S. A. de C. V.
Alcaicería No. 8 Col. Zona Norte Central de
Abastos, Del. Iztapalapa, México D. F. C. P. 09040.
El tiraje fue de 5,000 ejemplares.